21世纪高等学校计算机
基础实用系列教材

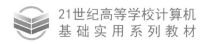

C语言程序设计学习指导

第3版

◎ 刘小军 殷联甫 主编　　张丽华 梁 田 编著

清华大学出版社

北京

内 容 简 介

本书是《C语言程序设计案例教程》(第3版·微课视频版)的配套教材,侧重于从实践出发,分析和验证各知识点,快速提高学习者的程序设计和实现能力。

本书共4部分,内容包括C程序运行环境(Microsoft Visual C++ 6.0 和 C-Free 5.0)介绍、C语言程序设计上机实验项目(17个)、C语言典型题解(40个)及C语言程序设计选择题集(11个)等。本书内容丰富、实用性强,具有启发性,是学习C语言的必备参考用书。

本书可作为高等院校"C语言程序设计"等课程的上机实验教材,也可用作其他技术人员自学或作为培训教材。

图书在版编目(CIP)数据

C语言程序设计学习指导/刘小军,殷联甫主编. —3版. —北京:清华大学出版社,2023.3
21世纪高等学校计算机基础实用系列教材
ISBN 978-7-302-62978-8

I. ①C… Ⅱ. ①刘… ②殷… Ⅲ. ①C语言-程序设计-高等学校-教学参考资料 Ⅳ. ①TP312.8

中国国家版本馆 CIP 数据核字(2023)第 033443 号

责任编辑:黄　芝
封面设计:刘　键
责任校对:李建庄
责任印制:沈　露

出版发行:清华大学出版社
　　　　网　　　址:http://www.tup.com.cn,http://www.wqbook.com
　　　　地　　　址:北京清华大学学研大厦 A 座　　　邮　　编:100084
　　　　社 总 机:010-83470000　　　　　　　　　　邮　　购:010-62786544
　　　　投稿与读者服务:010-62776969,c-service@tup.tsinghua.edu.cn
　　　　质量反馈:010-62772015,zhiliang@tup.tsinghua.edu.cn
　　　　课件下载:http://www.tup.com.cn,010-83470236
印 装 者:三河市君旺印务有限公司
经　　销:全国新华书店
开　　本:185mm×260mm　　印　张:14.25　　　　字　　数:345 千字
版　　次:2015 年 2 月第 1 版　2023 年 3 月第 3 版　　印　次:2023 年 3 月第 1 次印刷
印　　数:1~1500
定　　价:49.80 元

产品编号:097038-01

前　言

　　程序设计是一门操作性较强的专业技术,而 C 语言为流行的入门级的程序设计语言。为方便读者在学习理论知识的同时,能同步进行实践练习,深刻理解 C 语言程序设计中的基本概念及原理,并提高实践能力,本书以实验训练的方式,通过实践对各知识点进行分析、验证及拓展,可帮助读者加深对知识点的理解和掌握程度,从而提高学习效率。

　　本书第 1 版于 2015 年 2 月出版发行,并于 2018 年 9 月修订发行第 2 版。自出版以来获得众多师生的认可,同时,也收到较多读者对本书的使用体会和建议,结合最新教学大纲的更新和前期教学反馈,对第 2 版进行更新,推出第 3 版。本次更新的第 3 版,不只是对前期版本中个别文字或符号错误的修正,更是基于前期的体会、收集的建议和教学反馈等进行了针对性调整。在此,向给予帮助的各位同仁表示感谢,也希望大家能依然支持第 3 版,并提出批评和指正建议,激励我们更进一步完善。

　　本书是与《C 语言程序设计案例教程》(第 3 版·微课视频版)相配套的辅助教学教材,重点突出实践教学环节。本书共 4 部分内容,依次为 C 语言运行环境(Microsoft Visual C++ 6.0 和 C-Free 5.0)、C 语言程序设计实验项目、C 语言典型题解和 C 语言程序设计习题集。其中,第一部分(第 1、2 章)对 C 语言的开发环境(Microsoft Visual C++ 6.0 和 C-Free 5.0)进行较全面的介绍。第二部分(第 3 章)提供了学习 C 语言程序设计需要进行的 17 个实验项目。每个实验项目均明确实验目的和实验内容,实验内容依次分为三类:验证性实验,对每个实验题目都进行了详细的分析与描述;设计性实验,要求读者在掌握验证性实验的基础上能自行设计程序来解决一些实际问题;提高性实验,为学有余力的读者提供自我挑战的机会。第三部分(第 4、5 章)是在学习课程知识的基础上,搜集到的常见 C 语言典型题解,丰富学生的实战经验。第四部分是 C 语言程序设计选择题集,覆盖 C 语言的主要知识点,进一步为读者掌握 C 语言提供帮助。

　　本书的作者均为多年从事 C 语言程序设计教学,积累了丰富教学经验的一线高校教师。本书内容的顺利完成是他们对多年教学经验的总结和共同努力的结果,在此向他们致以崇高的敬意,也希望本书能对广大读者有所帮助。

　　本书注重实践性引导,具有案例驱动、解答详尽、通俗易懂等优点,有利于读者参考和自学。书中涉及的所有代码均在 Microsoft Visual C++ 6.0 集成开发环境下编译通过。

　　本书由刘小军、殷联甫主编,参加编写的人员有张丽华、梁田。

　　由于编者水平有限,不足或遗漏之处在所难免,敬请广大读者及同仁批评指正。

编　者

2023 年 1 月

目　录

第1章 Visual C++ 6.0 实验环境

Visual C++ 6.0(以下简称为 VC++ 6.0)是微软公司推出的程序设计套件,由于其设计界面友好,启动速度快,对机器配置要求低,所以一直被推荐作为 C/C++ 程序设计课程的首选工具。本章将简单介绍该开发工具的一些基础知识以及相关操作。

1.1 VC++ 6.0 概述

VC++ 6.0 以工程为单位,对整个程序开发过程涉及的资源,如代码文件、图标文件等进行管理,扩展名为.dsw。一个完整程序的新建、打开或保存是对工程文件进行的,代码文件只是工程文件中的一部分。

当一个项目比较大,且由多个工程组成时,可以将其归属于一个工作区。新建项目时,可以指定该项目是否属于当前所在的工作区,如果不属于而是一个新项目,则 VC++ 6.0 会自动新建一个工作区包含该项目。工作区扩展名为.dsw。工作区同一时刻只能有一个活动项目,通过右击项目可以将项目设置为活动项目。

用于存储程序的文件,C++代码文件的扩展名为.cpp,C 语言代码文件的扩展名为.c,存储函数或变量声明的头文件扩展名一般为.h。

程序开发过程中需要经过两个阶段:调试(Debug)和发布(Release)。调试是指输入代码、编译、连接、运行并不断修正错误的整个过程。发布是指程序完成代码的编写和功能调试,最终编译和分发给用户的过程。

1.2 VC++ 6.0 的启动

VC++ 6.0 安装完毕之后,从"开始"菜单中启动 VC++ 6.0,主界面窗口如图 1-1 所示。界面的左侧窗口为工程资源管理器,用于从不同角度对工程资源进行查看和快速定位。左侧为信息输出窗口,调试信息、查找信息等都会从该窗口输出。主要显示区为显示程序代码或资源。

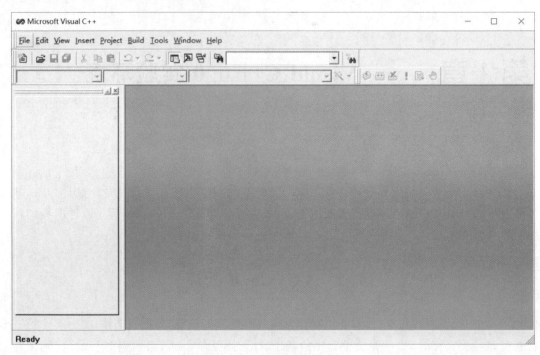

图 1-1　VC++ 6.0 集成环境

1.3　建立新工程

选择 File 菜单中的 New 命令，如图 1-2 所示。在 new 对话框中选择 Projects 选项卡，根据需要选择工程类型，初学者可以选择简单的 Win32 Console Application 来学习

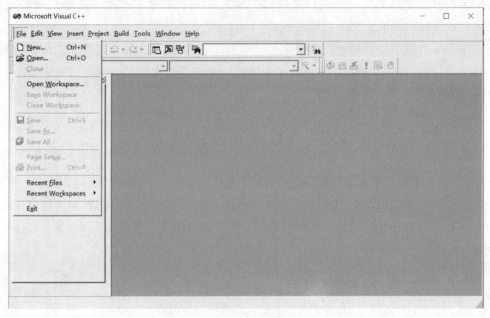

图 1-2　File 菜单

基本 C 语言语法,如图 1-3 所示。在右侧输入工程的名称及存储位置,单击 OK 按钮,系统会启用向导来为用户生成程序框架以便快速进入开发。作为初学者,选择 An empty project 手动添加工程文件,如图 1-4 所示。单击 Finish 按钮以结束向导,如图 1-5 所示。

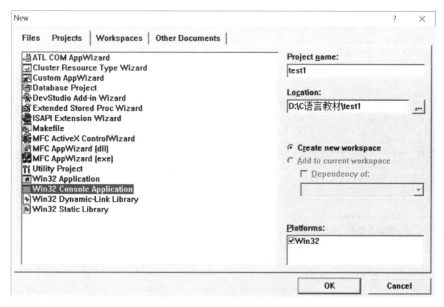

图 1-3　项目类型选择对话框

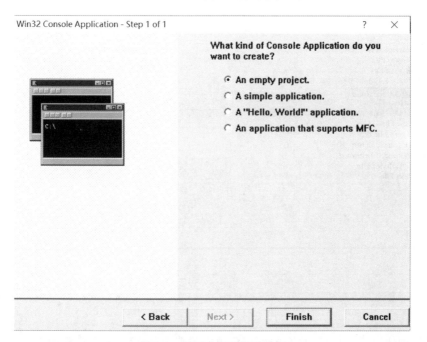

图 1-4　项目内容选择对话框

此时新建了一个名为 test1 的空白工程,然后选择图 1-3 中的 Files 选项卡中的 C++ Source File,在右侧的 File 文本框中输入 1.c,如图 1-6 所示。

4

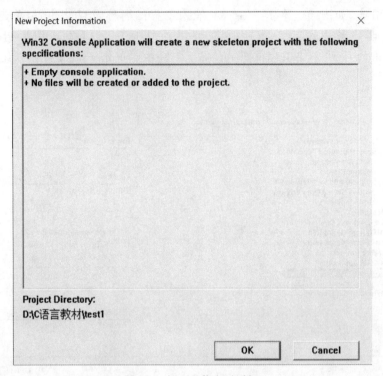

图 1-5　新工程信息对话框

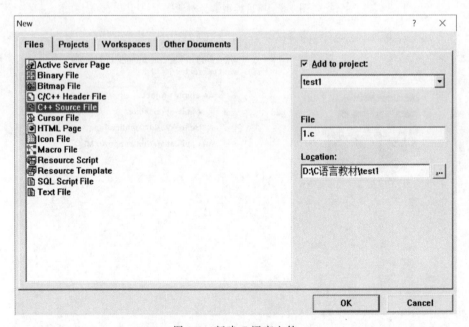

图 1-6　新建 C 语言文件

当工程创建完毕后，可以从左侧工程资源管理器的 FileView 文件视图查看当前各类的资源文件，如图 1-7 所示。ClassView 则从类和函数的角度查看代码并可以通过双击快速定位，如图 1-8 所示。

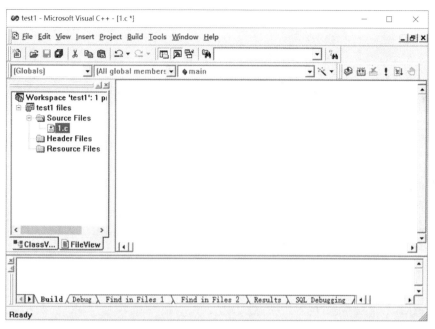

图 1-7　项目文件视图

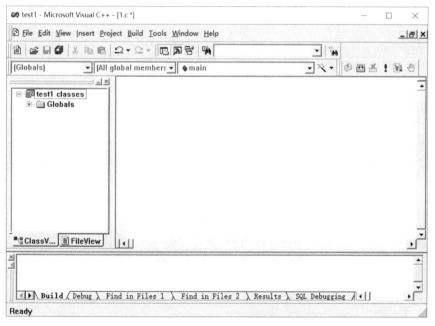

图 1-8　项目类视图

1.4　编译并连接程序

代码书写完毕,可以在 Build 或者 Build 工具栏上依次单击 Compile、Build、Execute 来对程序进行编译、连接和运行,并观察程序运行结果。编译和运行分别如图 1-9 和图 1-10 所示。

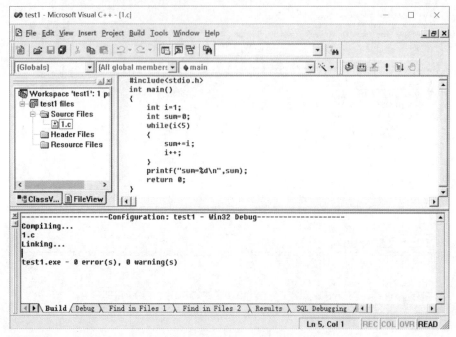

图 1-9　项目编译

图 1-10　项目运行

1.5　程序的错误修改

　　如果编译或连接过程中出现错误，底部信息提示窗口会提示错误所在行及错误的类型，如图 1-11 所示。双击即可定位到相应的代码处进行修改，然后重新编译、连接和运行，重复此过程直到程序功能达到要求没有错误。

图 1-11　项目编译错误提示

1.6　单步调试

如果需要单步跟踪每个语句的执行过程并观察运行结果,可以使用单步调试。

首先在用户希望程序运行停止的语句上单击工具栏图标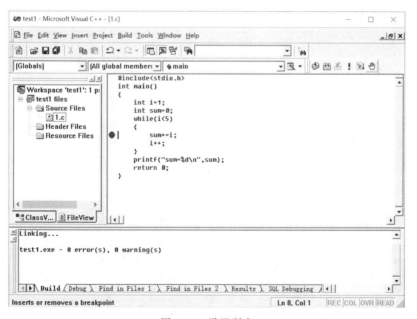（或按快捷键 F9）,设置断点(Break Point),如图 1-12 所示。然后可以使用 Go 按钮（或按快捷键 F5）来启动应用程

图 1-12　设置断点

序,此时程序会在运行到断点处的时候暂停,如图 1-13 所示。用户可以使用 Debug 工具栏上的 Step Over 命令 ⑰(或按快捷键 F10)、Step Into 命令 ㈠(或按快捷键 F11)、Stop Debugging 命令 ▓(或按快捷键 Shift+F5)来分别进行单步运行,进入函数内部单步运行和停止调试,如图 1-14 所示,如果用户希望直接运行到下一个断点处,则再次单击 Go 按钮即可。

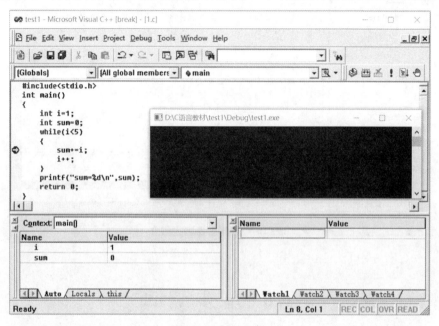

图 1-13　调试运行

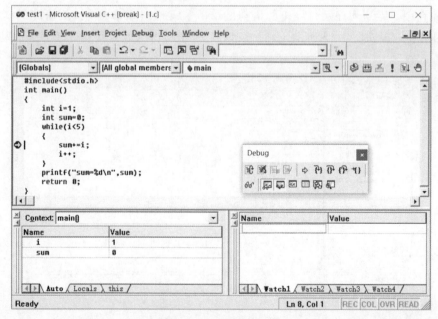

图 1-14　单步调试运行

单步运行时,当前代码所在函数内部的变量值的变化情况会在底部的 Auto 标签中显示,用户也可以直接把鼠标指针放到想要查看值的变量名上,进行查看当前值。

1.7　生成可执行文件并发布

在编码、调试程序的功能完成之后，接下来进入程序的发布过程，以 Debug 模式编译的程序附加了很多调试信息，而且没有经过优化，所以速度慢、体积大，当程序功能完备且交给实际用户使用之前，应该以 Release 模式重新编译。

Debug 和 Release 模式编译生成的文件默认分别放置在工程目录的 Debug 和 Release 文件夹下，如图 1-15 所示。

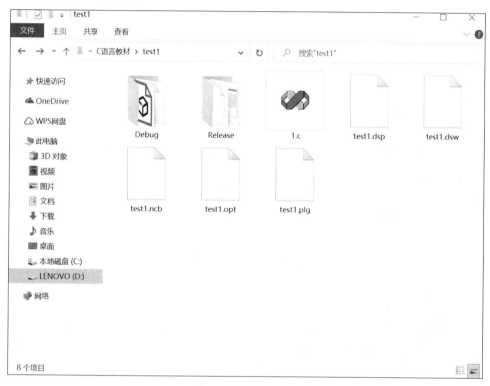

图 1-15　项目文件夹

第2章　C-Free 5.0 实验环境

2.1　C-Free 5.0 概述

C-Free 是一款支持多种编译器的专业化 C/C++集成开发环境(IDE)。利用本软件,使用者可以轻松地编辑、编译、连接、运行、调试 C/C++程序。C-Free 中集成了 C/C++代码解析器,能够实时解析代码,并且在编写的过程中给出智能的提示。C-Free 提供了对目前业界主流 C/C++编译器的支持,可以在 C-Free 中轻松切换编译器。可定制的快捷键、外部工具及外部帮助文档,使编写代码更加得心应手。完善的工程/工程组管理能够更加方便地管理自己的代码。

C-Free 主要特性如下。

(1) 支持多编译器,可以配置添加其他编译器。目前支持的编译器类型包括 MinGW 2.95/3. x/4. x/5.0、Cygwin、Borland C++ Compiler 和 Microsoft C++ Compiler。

(2) 增强的 C/C++语法加亮器,可加亮函数名、类型名、常量名等。

(3) 增强的智能输入功能。

(4) 可添加语言加亮器,支持其他编程语言。

(5) 完善的代码定位功能(查找声明、实现和引用)。

(6) 代码完成功能和函数参数提示功能。

(7) 能够列出代码文件中包含的所有符号(函数、类/结构、变量等)。

(8) 在调试时显示控制台窗口。

2.2　C-Free 5.0 启动

C-Free 5.0 安装完毕之后,从"开始"菜单中启动 C-Free 5.0,主界面窗口如图 2-1 所示。

图 2-1　C-Free 5.0 集成环境

2.3　建立新工程

双击 C-Free 图标,弹出如图 2-2 所示的对话框,选择"新建工程"按钮,或者在主界面中选择"工程"→"新建"菜单,弹出"新建工程"对话框,根据需要选择工程类型,初学者可以选择"控制台程序"来学习基本 C 语言语法,如图 2-3 所示。选择不同的工程类型将出现不同的向导,能够指导用户完成工程的创建。具体操作过程分别如图 2-4~图 2-6所示。

图 2-2　"新建"对话框

图 2-3　"新建工程"对话框

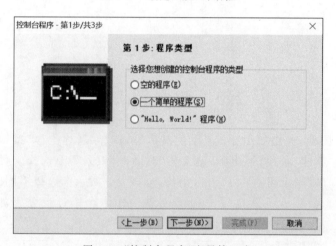

图 2-4　"控制台程序"向导第 1 步

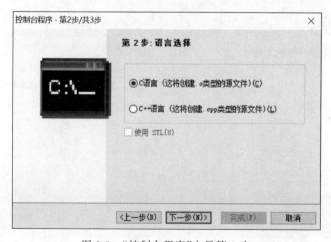

图 2-5　"控制台程序"向导第 2 步

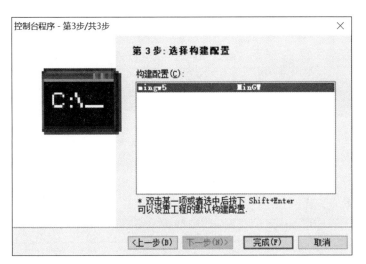

图 2-6 "控制台程序"向导第 3 步

当工程创建完毕后,可以双击右侧文件列表中的 main.c 文件,通过"符号窗口"则从函数的角度查看代码并可以通过双击快速定位,如图 2-7 所示。

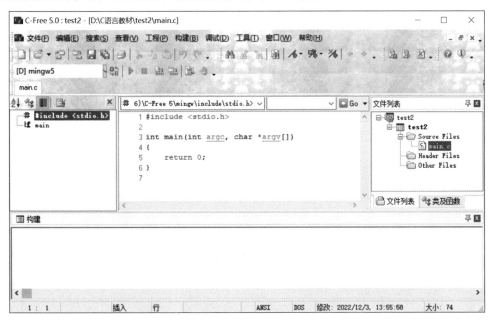

图 2-7 项目文件视图

2.4 编译并运行程序

代码书写完毕,选择"构建"菜单下的"编译"命令,或在工具栏上单击"开始运行"图标来对程序进行编译、连接和运行,并观察程序运行结果。编译和运行分别如图 2-8 和图 2-9 所示。

第 2 章

14

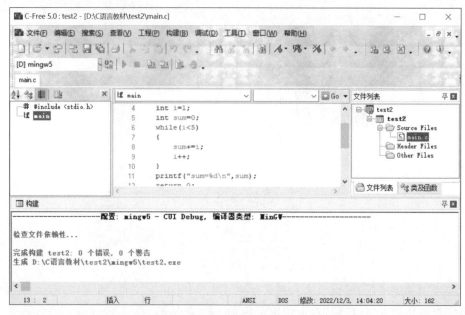

图 2-8　项目编译

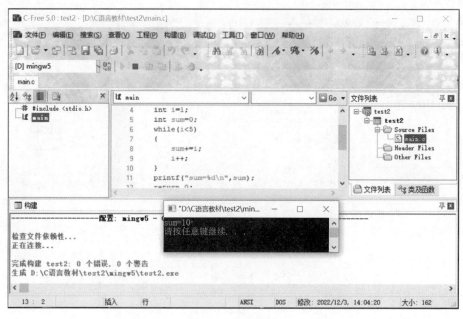

图 2-9　项目运行

2.5　程序的错误修改

如果编译或连接过程中出现错误，底部信息提示窗口会提示错误所在行及错误的类型，如图 2-10 所示。双击错误信息即可定位到相应的代码处进行修改，然后重新编译、连接和运行，重复此过程直到程序功能达到要求且没有错误。下面的例子是因为将语句"int sum＝0;"后面的分号误写成中文字符"；"，从而引起错误。

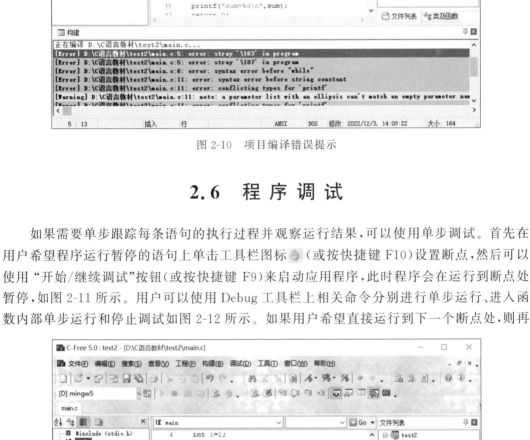

图 2-10　项目编译错误提示

2.6　程 序 调 试

如果需要单步跟踪每条语句的执行过程并观察运行结果,可以使用单步调试。首先在用户希望程序运行暂停的语句上单击工具栏图标 (或按快捷键 F10)设置断点,然后可以使用"开始/继续调试"按钮(或按快捷键 F9)来启动应用程序,此时程序会在运行到断点处暂停,如图 2-11 所示。用户可以使用 Debug 工具栏上相关命令分别进行单步运行、进入函数内部单步运行和停止调试如图 2-12 所示。如果用户希望直接运行到下一个断点处,则再

图 2-11　调试运行

C-Free 5.0 实验环境

次单击"开始/继续调试"命令即可。

图 2-12　Debug 工具栏图标

单步运行时，当前代码所在函数内部的变量值的变化情况会在底部窗口中显示。

2.7　生成可执行文件并发布

在编码、调试程序的功能完成之后，接下来进入程序的发布过程，以 Debug 模式编译的程序附加了很多调试信息，而且没有经过优化，所以速度慢、体积大，当程序功能完备且交给实际用户使用之前，应该以 Release 模式重新编译。

根据选择的编辑器编译生成的文件默认分别放置在工程目录的相应编译器类型名称文件夹下，如图 2-13 所示。

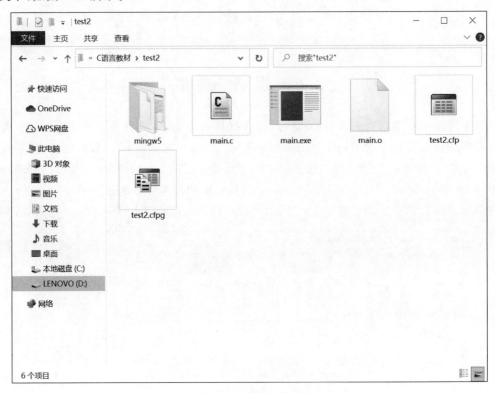

图 2-13　项目文件夹

第3章 实验项目

实验项目 1　运行一个 C 程序

一、实验目的

(1) 熟悉 Visual C++ 6.0 和 C-Free 5.0 两种 C 语言运行环境。

(2) 掌握在上述两种环境下编辑、编译、连接和运行一个 C 程序的方法。

(3) 通过运行简单的 C 程序,认识 C 程序的特点,掌握和理解 C 程序的结构。

二、实验要求

(1) 进入 Visual C++ 6.0 或 C-Free 5.0 的集成环境。

(2) 熟悉 Visual C++ 6.0 或 C-Free 5.0 集成环境,掌握系统主菜单中常用命令的使用。

(3) 运行简单的 C 程序,逐步掌握编辑、编译、连接、运行和调试 C 程序的方法。

三、实验内容

1. 验证性实验

(1) 在 Visual C++ 6.0 或 C-Free 5.0 集成环境下编辑下列 C 语言程序,编译、连接并运行,观察并理解其运行结果。

```c
/* 实验 1-1.C */
# include < stdio. h >
int main()
{
    int a,b,c;

    printf("Enter first integer:");
    scanf(" % d",&a);
    printf("Enter second integer:");
    scanf(" % d",&b);
    c = a + b;
    printf("a + b = % d\n",c);
    return 0;
}
```

程序的运行结果如图 3-1 所示。

思考:

① 去掉语句" ♯ include < stdio. h >",运行程序,观察运行结果,并分析为什么。

② 去掉语句"int a,b,c;"中的";",运行程序,观察运行结果,并分析为什么。

③ 将语句"c=a+b;"改为"C=a+b;",运行程序,观察运行结果,并分析为什么。

(2) 尝试修改下列程序中的错误,直到程序经编译后没有错误信息,并得到题目要求的运行结果。

题目要求得到的输出结果如图 3-2 所示。

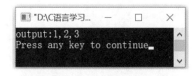

图 3-1　从键盘输入两个整数并求它们的和　　图 3-2　实验 1-2. C 要求得到的输出结果

含有错误的源程序如下:

```
/* 实验 1-2.C */
#include <stdio.h>
int main()
{
    int a = 1;b = 2,c = 3,
    printf("output: % d, % d, % d\n"a,b,c);
    return 0;
}
```

2. 设计性实验

(1) 编写程序,从键盘上输入两个整型变量 a 和 b,求它们的差并输出。

实验提示

① 可参考实验 1-1. C。

② 保存源程序为"练习 1-1. C"。

(2) 编写程序,从键盘上输入 x 的值,根据公式 $y = x^2 + 1$ 求 y 的值,输出 x 和 y 的值(假设 x 和 y 都是 int 型变量)。

实验提示

① x^2 可表示为 x * x。

② 可参考实验 1-1. C。

③ 保存源程序为"练习 1-2. C"。

(3) 编写程序,从键盘上输入 x 的值,求 x 的平方根并赋给变量 y,输出 x 和 y 的值(假设 x 和 y 都是 int 型变量)。

实验提示

① 可用函数 sqrt(x)求 x 的平方根,要求使用该函数,必须在程序前面包含头文件 math. h。

② 可参考实验 1-1. C。

③ 保存源程序为"练习 1-3. C"。

实验项目 2　数据类型与表达式

一、实验目的

(1) 熟练掌握运行 C 程序的方法。

（2）正确使用常量和变量,掌握指针变量的简单使用方法。

（3）掌握基本数据类型的使用。

（4）掌握常用输入/输出函数的使用。

（5）理解常用运算符的意义,了解表达式的运算规则。

二、实验要求

（1）理解常量和变量的概念。

（2）掌握数据在内存中的存储形式。

（3）掌握常用输入/输出函数的格式规范。

（4）熟悉常用运算符的运算规则。

三、实验内容

1. 验证性实验

（1）输入以下程序,分析程序运行结果。

```
/* 实验 2_1.c */
# include < stdio.h >
int main()
{
    char c1,c2;        /* 第 5 行 */
    c1 = 'a';          /* 第 6 行 */
    c2 = 'b';          /* 第 7 行 */
    printf(" % c, % c\n",c1,c2);
    printf(" % d, % d\n",c1,c2);
    return 0;
}
```

程序的运行结果如图 3-3 所示。

思考:

① 将第 6 行和第 7 行改为:

c1 = a;
c2 = b;

系统报错原因是什么?

② 将第 6 行和第 7 行改为:

c1 = "a";
c2 = "b";

系统报错原因是什么?

③ 将第 6 行和第 7 行改为:

c1 = 97;
c2 = 98;

再运行程序,程序输出结果是什么?

④ 将第 6 行和第 7 行改为:

c1 = 127;

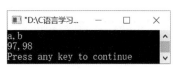

图 3-3　字符变量的输出

c2 = 128;

再运行程序,第 2 行为什么输出 127,-128?

⑤ 将第 5 行改为:

int c1,c2;

再运行程序,程序输出结果是什么? 为什么?

(2) 输入以下程序,分析程序运行结果。

```
/* 实验 2_2.c */
# include < stdio.h>
int main()
{
    int a = 1000,b = 01750,c = 0x3e8;
    printf("%d,%o,%x\n",a,a,a);        /* 第 6 行 */
    printf("%d,%d,%d\n",a,b,c);        /* 第 7 行 */
    return 0;
}
```

程序的运行结果如图 3-4 所示。

思考:

① 将第 6 行和第 7 行改为:

```
printf("%d,%o,%x\n",b,b,b);
printf("%o,%o,%o\n",a,b,c);
```

再运行程序,程序输出结果是什么?

② 将第 6 行和第 7 行改为:

```
printf("%d,%o,%x\n",c,c,c);
printf("%x,%x,%x\n",a,b,c);
```

再运行程序,程序输出结果是什么?

(3) 输入以下程序,分析程序运行结果。

```
/* 实验 2_3.c */
# include < stdio.h>
int main()
{
    float x1,y1;                       /* 第 5 行 */
    x1 = 1111111111111.111111111;
    y1 = 2222222222222.222222222;
    printf("x1 = %f,y1 = %f\n",x1,y1);  /* 第 8 行 */
    printf("x1 + y1 = %f\n",x1 + y1);   /* 第 9 行 */
    return 0;
}
```

程序的运行结果如图 3-5 所示。

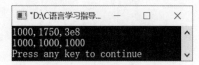

图 3-4　整数的输出

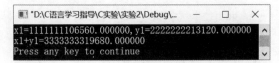

图 3-5　两个单精度数的求和

思考:

① 将第 5 行改为:

```
double  x1,y1;
```

再运行程序,观察程序输出结果。为什么结果不一样了?

② 将第 8 行和第 9 行改为:

```
printf("x1 = % e,y1 = % e\n",x1,y1);
printf("x1 + y1 = % e\n",x1 + y1);
```

再运行程序,观察程序输出结果。

(4) 输入以下程序,分析程序运行结果。

```c
/ *  实验 2_4.c * /
# include < stdio. h>
int main()
{
    int i,j;
    i = 8;
    j = i++;      / *  第 7 行  * /
    printf("i = % d,j = % d\n",i,j);
    return 0;
}
```

程序的运行结果如图 3-6 所示。

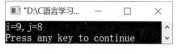

图 3-6　自增运算

思考:

将第 7 行改为:

```
j = ++i;
```

再运行程序,为什么变量 j 的值不一样了?

(5) 输入以下程序,分析程序运行结果。

```c
/ *  实验 2_5.c * /
# include < stdio. h>
int main()
{
    int i;
    unsigned short k = 123;
    float f = 2.67;
    i = f;                    / *  实数赋值给整型变量  * /
    printf("i = % d\n",i);
    f = k;
    printf("f = % .2f\n",f);         / * 保留两位小数输出实数 * /
    i = - 2;
    printf("i = % d,i = % u\n",i,i);
    k = - 1;                  / * 第 14 行 * /
    printf("k = % d,k = % u\n",k,k);  / * 第 15 行 * /
    return 0;
}
```

程序的运行结果如图 3-7 所示。

思考:

① 为什么程序会输出 i=4294967294?

② 为什么程序第 15 行会输出 k＝65535？

③ 将第 14 行改为：

```
k = 65536;
```

再运行程序,程序输出结果是什么？为什么？

（6）输入以下程序,分析程序运行结果,重点关注指针变量的使用。

```
/* 实验 2_6.c */
# include < stdio.h>
int main()
{
    int i,j, * pi, * pj,sum;
    pi = &i;                        /* 指针变量 pi 指向变量 i */
    pj = &j;                        /* 指针变量 pj 指向变量 j */
    scanf("%d%d",pi,pj);            /* 输入变量 i 和 j 的值 */
    sum = * pi+* pj;                /* 第9行,求变量 i 和 j 的和 */
    printf("%d+%d=%d\n", * pi, * pj,sum);   /* 第 10 行,输出整个求和表达式 */
    return 0;
}
```

程序的运行结果如图 3-8 所示。

图 3-7　赋值类型的转换

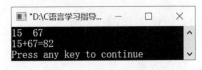

图 3-8　求两个整数的和

思考：如果再定义一个指针变量 ps,让它指向变量 sum,则第 9 行和第 10 行中用 ps 替换 sum,程序怎么修改？

2. 设计性实验

（1）编写程序,从键盘输入一个 4 位正整数,求其各位上的数字并输出。例如,1234 的输出结果为 1,2,3,4。

实验提示

① 根据题意,可以先定义 5 个整型变量,用于保存要处理的 4 位整数和其各位上的数字。

② 用 scanf()函数输入整数,注意 scanf()函数的使用规范。

③ 灵活运用除法运算符"/"和求余运算符"%"将其各位上的数字求出来。

④ 用 printf()函数输出结果,注意 printf()函数的使用规范。

示例的运行结果如图 3-9 所示。

（2）编写程序,从键盘输入圆的半径,计算并输出圆的周长、面积和相同半径的球的体积(保留两位小数）。要求使用符号常量表示圆周率 π 的值,π 的取值为 3.14。

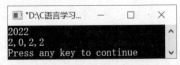

图 3-9　输出整数的各位数字

实验提示

① 根据题意,可以定义 4 个实型变量,分别用于保存圆的半径、周长、面积和球的体积。

② 用宏定义命令♯define 定义符号常量 PI 表示圆周率 π 的值。

③ 用 scanf()函数输入半径,注意 scanf()函数中使用正确的格式字符。

④ 计算圆的周长、面积和球的体积(注意算式 4/3 的正确表示)。

⑤ 用 printf()函数输出结果,注意 printf()函数中使用正确的格式字符。

示例的运行结果如图 3-10 所示。

思考:本题若定义只读变量 pi 保存圆周率 π 的值,程序该怎么修改?

(3) 编写程序,键盘输入两个数字字符,分别将它们转换为整数后,计算并输出两个整数的乘积。

实验提示

① 根据题意,定义两个字符变量和两个整型变量。

② 用字符输入函数 getchar()分别输入两个数字字符。

③ 将数字字符转换为整数,方法是让数字字符减去'0'。假设字符变量为 ch,表达式 ch-'0'的值就是转换后的整数。

④ 用 printf()函数输出两个整数的乘积。

示例的运行结果如图 3-11 所示。

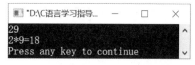

图 3-10　计算并输出圆的周长、面积和球的体积　　图 3-11　数字字符转换为整数并输出其乘积

(4) 编写程序,键盘输入一个正实数,分别输出该实数的整数部分和小数部分。

实验提示

① 根据题意,定义两个实型变量和一个整型变量。

② 用 scanf()函数输入一个实数。

③ 将实数直接赋值给整数,即可得到实数的整数部分。实数减去整数即可得到该实数的小数部分的值。

④ 用 printf()函数分别输出实数的整数部分和小数部分的值。

示例的运行结果如图 3-12 所示。

图 3-12　输出实数的整数
部分和小数部分的值

3. 提高性实验

(1) 编写程序,输入一个 24 小时制的时间,求出再过 1800 分钟后是 24 小时制的几时几分?

实验提示

① 根据题意,定义两个整型变量,分别保存小时和分钟。

② 总的分钟数/60 为增加的小时数,总的分钟数%60 为剩余的分钟数。

示例的运行结果如图 3-13 所示。

(2) 程序填空,输入三角形三条边的长度,计算并输出三角形的面积(要求用指针变量,结果保留两位小数)。三角形面积的计算公式为 $\sqrt{s(s-a)(s-b)(s-c)}$,其中 a,b,c 为三角形的边长，$s = \dfrac{a+b+c}{2}$（使用 sqrt(x)可以求出 x 的算术平方根）。

```
/* 实验 2_7.c */
# include < stdio. h>
# include < math. h>
int main()
{
    int a,b,c,;
    float s,area, * ps = &s, * pa = &area;
    printf("请输入三角形的三条边:");
    scanf(_____);
    * ps = _____;
    * pa = _____;    /* 求三角形的面积 */
    printf("area = _____\n", * pa);
    return 0;
}
```

示例的运行结果如图 3-14 所示。

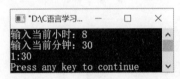

图 3-13　输出 1800 分钟后的时间

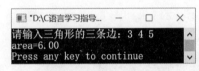

图 3-14　求三角形的面积

实验项目 3　顺序结构程序设计方法

一、实验目的

（1）掌握 C 语言中使用最多的一种语句——赋值语句的使用方法。

（2）掌握 C 程序的基本构成，熟悉顺序结构程序设计的一般步骤。

二、实验要求

（1）理解 C 语言中程序设计的基本思路。

（2）编写简单的顺序结构程序。

三、实验内容

1. 验证性实验

（1）很多国家采用华氏温度标准（F）用于温度的计算，而中国则采用的是摄氏温度（C）。根据温度转换的公式设计一个温度转换程序，可以进行温度转换。如果输入摄氏温度，显示转换的华氏温度。运行结果如图 3-15 所示。

温度转换的公式为 $F = (C \times 9/5) + 32$。

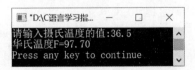

图 3-15　温度转换的运行结果

实验步骤

① 声明变量 f 和 c。

② 输入 c 的值。

③ 利用温度转换的公式计算 f 的值。

④ 输出 f 的值。

程序代码如下：

```c
#include <stdio.h>
int main()
{
    float f,c;
    printf("请输入摄氏温度的值:");
    scanf("%f",&c);
    f = c * 9/5 + 32;
    printf("华氏温度 F = %.2f\n",f);
    return 0;
}
```

采用指针实现的程序代码如下：

```c
#include <stdio.h>
int main()
{
    float f,c;
    float * pf = &f, * pc = &c;
    printf("请输入摄氏温度的值:");
    scanf("%f",pc);
    * pf = * pc * 9/5 + 32;
    printf("华氏温度 F = %f\n", * pf);
    return 0;
}
```

思考：如果将语句"f = c * 9/5 + 32;"换成语句"f = 9/5 * c + 32;"输出结果是多少呢？

（2）从键盘上输入任意两个数，输出它们的和值与差值之积。运行结果如图 3-16 所示。

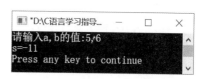

图 3-16　求任意两个数和
差之积的运行结果

实验步骤

① 定义 3 个变量 a、b、s。

② 输入 a、b 的值。

③ 计算 a 和 b 值的和值与差值之积，并保存在变量 s 中。

④ 输出 s 的值。

程序代码如下：

```c
#include <stdio.h>
int main()
{
    int a,b,s;
    printf("请输入 a,b 的值:");
    scanf("%d,%d",&a,&b);
    s = (a + b) * (a - b);
    printf("s = %d\n",s);
    return 0;
}
```

采用指针实现的代码如下：

```c
# include < stdio.h >
int main()
{
    int a,b,s;
    int * pa = &a, * pb = &b, * ps = &s;
    printf("请输入 a,b 的值:");
    scanf(" % d, % d",pa,pb);
    * ps = ( * pa + * pb) * ( * pa - * pb);
    printf("s = % d\n", * ps);
    return 0;
}
```

思考：能否增加两个变量分别记录两个数之和与差？如果行，改写程序，并说出哪种写法好及其原因。

2. 设计性实验

（1）编写程序，输入一个小写字母，输出其对应的大写字母。

实验提示

① 声明两个字符型变量，一个用于保存小写字母，一个用于保存大写字母。

② 输入小写字母。

③ 小写字母转换成大写字母。

④ 输出大写字母。

其中，第③步关于大小写字母转换的问题，可以利用字符的 ASCII 码，大写字母 A 的 ASCII 码值为 65，小写字母 a 的 ASCII 码值为 97，即大、小写字母的 ASCII 码的差值为 32。运行结果如图 3-17 所示。

（2）编写程序，输入两个整数分别赋给变量 a 和 b，然后交换两个变量的值再输出。

实验提示

① 声明两个整型变量 a 和 b。

② 输入 a 和 b 的值。

③ 交换两个变量的值，即变量 a 保存变量 b 的值，变量 b 保存变量 a 的值。

④ 输出变量 a 和 b。

其中，第③步交换两个变量值的问题怎么解决呢？就像有两杯水，现在要把两个杯子中的水交换，那么大家很自然想到利用第三个杯子做中介。同样的道理，要交换两个变量的值，就需要另外一个变量做中介。所以，在第①步需要声明 3 个变量。运行结果如图 3-18 所示。

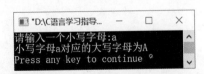

图 3-17　小写字母转换成大写字母的运行结果

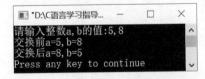

图 3-18　交换两个变量的运行结果

3. 提高性实验

（1）编写程序，输入存款金额、存款年限和存期的年利率，输出存款到期金额。到期金额＝存款金额×(1＋存期的年利率)^{存款年限}。运行结果如图 3-19 所示。

解题思路

① 声明存款金额、存款年限、存期的年利率、到期金额 4 个变量。

② 输入需要的值。

③ 利用公式计算,其中求 x^n 需要用到库函数 pow(x,n)。库函数 pow(x,n) 包含在头文件 math.h 中,因此,在程序开头要添加语句"#include <math.h>"。

④ 输出到期金额。

(2) 编写程序,输入长方形的长和宽,求它的周长和面积。运行结果如图 3-20 所示。

图 3-19　存款到期金额的运行结果

图 3-20　求长方形周长和面积的运行结果

解题思路

① 声明变量。

② 输入需要的值。

③ 利用公式计算长方形的周长和面积。

④ 输出长方形的周长和面积。

(3) 编写程序,求方程 $ax^2 + bx + c = 0$ 的实数根。其中 a、b、c 由键盘输入,且在输入时保证 $a \neq 0$ 且 $b^2 - 4ac > 0$。运行结果如图 3-21 所示。

解题思路

① 声明 5 个变量 a、b、c、x1、x2,其中 a、b、c 接收从键盘输入的 3 个值,x1 和 x2 用来保存此一元二次方程的两个实数根。

② 输入 a、b、c 的值,同时保证输入的值中 $a \neq 0$ 且 $b^2 - 4ac > 0$。

③ 利用公式计算,其中 $\sqrt{x}$ 需要用到库函数 sqrt(x)。库函数 sqrt(x) 包含在头文件 math.h 中,因此,在程序开头要添加语句"#include <math.h>"。

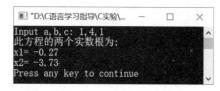

图 3-21　求一元二次方程
两个实数根的运行结果

④ 输出两个不相等的实数根。

思考:如果任意输入 a、b、c 的值,当 a 为 0 时,当前不是一元二次方程。当 a 不为 0 时,$b^2 - 4ac$ 可能大于 0,或等于 0,或小于 0,这些情况在程序中如何判断,如何对应输出两个不等的实数根,或相等的实数根或虚数根?

实验项目 4　分支结构程序设计方法

一、实验目的

(1) 掌握 C 程序中 if 语句的格式及使用方法。

(2) 掌握 switch 语句的格式及使用方法。

（3）使用分支结构编写简单的 C 语言程序。

（4）理解分支结构嵌套的格式及使用方法。

二、实验要求

（1）掌握 if 和 switch 语句的不同书写格式。

（2）熟悉利用 if 和 switch 语句编写简单的分支程序。

（3）理解分支条件的书写方法。

三、实验内容

1. 验证性实验

（1）输入整数 a、b，若 a^2+b^2 大于 100，则输出 a^2+b^2 百位以上的数字，否则输出两数之和。运行结果如图 3-22 所示。

实验步骤

分支选择处理的条件是 $a^2+b^2>100$。如果大于 100，则输出 a^2+b^2 百位以上的数字；如果小于或等于 100，则输出 a+b 的值。其中，求百位以上的数字，可以根据两个整数相除仍然为整数的原则，使用 $(a^2+b^2)/100$ 求得。

① 首先定义三个整型变量 a、b、y，其中 y 用于保存需要输出的值。

② 使用 if…else 两分支结构编写代码，其中分支条件为 $a^2+b^2>100$。

③ 输出 y 的值。

程序代码如下：

```c
# include < stdio. h>
int main()
{
    int a, b, y;
    printf("enter a, b:");
    scanf("%d, %d",&a, &b);
    if ((a*a+b*b)>100)                  /*第6行*/
      y=(a*a+b*b)/100;                   /*第7行*/
    else
      y=a+b;                            /*第9行*/
    printf("y=%d\n",y);
    return 0;
}
```

思考：

① 程序中第 7 行语句起什么作用？是否可以使用语句"y=(a^a+b^b)/100"代替？

② 能够使用 if 的单分支语句实现上面的程序吗？例如，第 6 行至第 9 行使用下面的语句代替。

```c
y = a+b;
if((a*a+b*b)>100)
  y=(a*a+b*b)/100;
```

③ 分支结构可以用什么运算符实现？改写这个程序。

（2）高速公路超速处罚规定：在高速公路上行驶的机动车，超出本车道限速的 10%，罚款人民币 200 元，扣 3 分；如果超出本车道限速的 50%，则吊销驾驶证。编写程序实现：输入两个整型数据,第一个是限速,第二个是当前车速,经过公式计算,屏幕上输出显示相应的信息,不考虑负数。运行结果如图 3-23 所示。

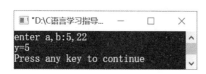

图 3-22　根据 a^2+b^2 是否大于
100 输出不同值的运行结果

图 3-23　高速公路超速
处罚的运行结果

实验步骤

① 定义两个 int 型变量,并从键盘输入,再定义一个 double 型变量 c。

② 利用公式计算当前车速和限速的关系比 c。

③ 若 c 小于 10,则输出"当前未超速";若大于或等于 10 且小于 50,则输出"当前车速超出本车道限速的 10％,罚款 200,扣 3 分";若大于或等于 50,则输出"超出 50％,直接吊销驾驶证"。

程序代码如下:

```
# include < stdio. h >
int main()
{
  int a,b;
  double c;
  printf("请输入限速和当前车速:\n");
  scanf(" % d, % d",&a,&b);
  c = ((double)(b - a)/a) * 100;                 /* 第 8 行 */
  if(c < 10)
    printf("当前未超速\n");
  else if(c < 50)                               /* 第 11 行 */
      printf("当前车速超出本车道限速的 10 ％,罚款 200,扣 3 分\n");
  else                                          /* 第 13 行 */
      printf("超出 50 ％,直接吊销驾驶证\n");
  return 0;
}
```

思考:

① 程序第 8 行语句中(double)的作用是什么?

② 第 11 行中条件判断为 c < 50,是否可以写成 c >＝10 & & c < 50?

③ 第 13 行中缺省的条件判断是什么?

(3) 使用 switch 语句,根据订单的状态码打印相对应的状态(文字说明),其对应关系为:1-等待付款;2-等待发货;3-运输中;4-已签收;5-已取消;其他-无法追踪。

实验步骤

① 定义一个整型变量,接受从键盘输入的状态码。

② 根据状态码,输出相对应的状态。

③ 画出流程图。

```
# include < stdio. h >
int main()
```

```
{
    int k;
    printf("请输入状态码:");
    scanf("%d",&k);
    printf("当前状态为:");
    switch(k)
    {
        case 1:
            printf("等待付款\n");
            break;
        case 2:
            printf("等待发货\n");
            break;
        case 3:
            printf("运输中\n");
            break;
        case 4:
            printf("已签收\n");
            break;
        case 5:
            printf("已取消\n");
            break;
        default:
            printf("无法追踪\n");
    }
    return 0;
}
```

程序的运行结果如图 3-24 所示。

思考:

① 加与不加 break 语句对程序的输出结果有何影响?

② 各条 case 语句的先后顺序对输出结果有何影响?

2. 设计性实验

(1) 输入一个字符,如果是小写字母,则输出其对应的大写字母;如果是大写字母,则输出其对应的小写字母;如果是数字,则输出数字本身;如果是空格,则输出"当前字符为空格";如果不是上述情况,则输出"当前字符为其他字符"。

实验提示:

① 定义一个字符型变量 ch。

② 输入 ch 的值。

③ 根据 ch 的值,进入相应的分支,输出对应的提示信息。

程序的运行结果如图 3-25 所示。

图 3-24　文字状态的运行结果

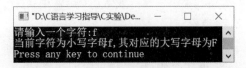

图 3-25　判断字符类型的运行结果

(2) 编写一个程序,求方程 $ax^2+bx+c=0$ 的所有可能的根(包括虚根)。其中 a、b、c 由键盘输入。程序的运行结果如图 3-26 所示。

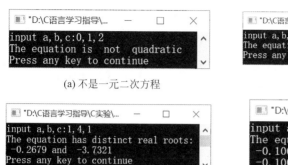

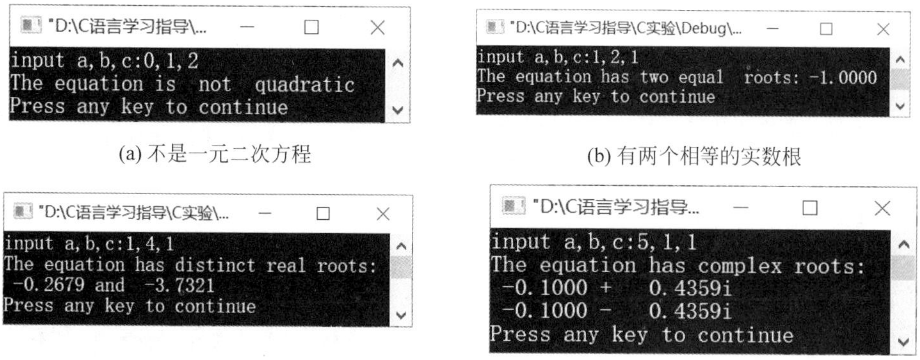

(a) 不是一元二次方程　　　　　　　　　(b) 有两个相等的实数根

(c) 有两个不等的实数根　　　　　　　　(d) 有两个不等的虚数根

图 3-26　求解一元二次方程的运行结果

实验提示

① 根据输入的 a 值进行判断,若 a 为 0,则不是一元二次方程;若 a 不为 0,则继续判断 b^2-4ac 值的大小。

② 若 b^2-4ac 的值大于 0,则有两个不等的实数根;若 b^2-4ac 的值等于 0,则有两个相等的实数根;若 b^2-4ac 的值小于 0,则有两个不等的虚数根。

(3) 已知银行整存整取存款不同期限的月息利率分别为:月息利率$=0.33\%$,期限为 1 年;月息利率$=0.36\%$,期限为 2 年;月息利率$=0.39\%$,期限为 3 年;月息利率$=0.45\%$,期限为 5 年;月息利率$=0.54\%$,期限为 8 年。输入存款的本金和年限,使用 switch 语句编程实现求到期时能从银行得到的利息与本金的合计。利息的计算公式:利息$=$本金$\times$月息利率$\times12\times$存款年限。运行结果如图 3-27 所示。

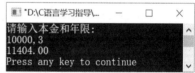

图 3-27　银行存款的运行结果

实验提示

① 输出结果是利息与本金之和,那么只要求出利息值即可。

② 从利息计算公式中可以看出,存款年限和月利息率是息息相关的,其中存款年限为整数,很自然地就想到利用年限值得到相应的 case 分支语句。

③ 假设存款年限用变量 year 表示,那么就可以得到下面的结构。

```
switch(year){
    case 1:
    case 2:
    case 3:
    case 5:
    case 8:
    default:
}
```

(4) 机票的价格受季节旺季、淡季的影响,头等舱和经济舱价格也不同,具体折扣如表 3-1 所示。假设机票原价 5000 元,根据出行的月份和选择的仓位输出实际的机票价格。程序的运行结果如图 3-28 所示。

表 3-1　机票价格折扣表

旺季（4—10月）	头等舱	九折
	经济舱	八折
淡季（11月—次年3月）	头等舱	五折
	经济舱	四折

实验提示

① 输入出行的月份和选择的仓位。

② 根据输入的信息先判断当前选择的仓位，再判断出行的月份是淡季还是旺季，最后计算并输出实际的机票价格。

图 3-28　实际机票价格的运行结果

（5）输入 3 个正整数，如果其中任一数不是正整数，则程序输出 Invalid number!，并结束运行。当第 1 个数为奇数时，计算后面两数之和；当第 1 个数为偶数时，计算第 2 数减第 3 数的差。无论哪种情形，当结果超过 10 时，则输出运算结果，否则什么也不输出。程序的运行结果如图 3-29 所示。

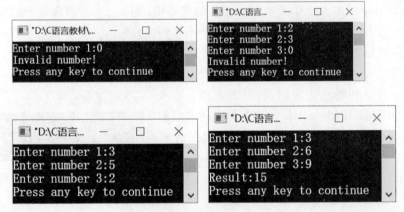

图 3-29　3 个正整数的运算结果

实验提示

定义四个整型变量 a、b、c、s，先输入 a 的值，若 a 小于或等于 0，则输出 Invalid number!，并结束运行；若 a 为正整数，则继续输入 b 的值，若 b 小于或等于 0，则输出 Invalid number!，并结束运行；若 b 为正整数，则继续输入 c 的值，若 c 小于或等于 0，则输出 Invalid number!，并结束运行；若 c 为正整数，则判断 a 是奇数还是偶数，若 a 是奇数，则 s＝b＋c；若 a 是偶数，则 s＝b－c。最后根据 s 的值进行判断，若 s 的值大于 10，输出 s；否则结束运行。

3. 提高性实验

（1）编写一个程序实现如下功能：输入一个正整数，判断它能否被 3、5、7 整除，根据条件输出以下信息。

① 能同时被 3、5、7 整除。

② 能被其中两个数（要指出哪两个数）整除。

③ 能被其中一个数（要指出哪一个数）整除。

④ 不能被 3、5、7 任一个整除。

程序的运行结果如图 3-30 所示。

图 3-30　判断能否整除的运行结果

解题思路

① 利用取余运算可以判断一个数是否能够被另一个数整除。

② 本题中还需要输出当前输入的整数能被 3、5、7 中的哪几个数整除。通过对题目要求的理解,实际上可以把题目要求转化为 8 种可能:能同时被 3、5、7 整除;不能被 3、5、7 中任一个整除;能被 3 整除;能被 5 整除;能被 7 整除;能被 3、5 整除;能被 3、7 整除;能被 5、7 整除。

③ 可用 if-else 的嵌套和 switch 语句两种形式分别实现。

(2) 分别输入年、月、日,求出在此年所剩余的天数。

程序的运行结果如图 3-31 所示。

解题思路

① 此题为多分支嵌套结构,先根据月份值进行分支选择。

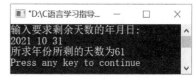

图 3-31　求剩余天数的运行结果

② 因为月份只有 1~12 这 12 个正整数,因此用 case 语句实现会更简洁。

③ 利用 switch 语句中若无 break 语句,则会顺序求值的特性进行求解,在输入的月份之后,将所有剩余的天数进行相加。

④ 需要注意的是在 2 月份时,还需要判断当前年份是否为闰年。若是闰年,2 月份为 29 天;若是平年,2 月份为 28 天。

实验项目 5　循环结构程序设计方法

一、实验目的

(1) 掌握 3 种循环结构 while、do-while 和 for 的区别与联系,并能正确使用它们。

(2) 掌握与循环语句相关的 break 语句和 continue 语句的使用方法。

(3) 学会使用 C 语言循环结构编写程序。

(4) 理解循环结构嵌套的格式和使用方法。

二、实验要求

(1) 掌握 while、do-while 和 for 语句的不同书写格式。

（2）熟悉利用 while、do-while 和 for 语句编写简单的循环结构程序。

（3）掌握 break 语句和 continue 语句的区别。

三、实验内容

1. 验证性实验

（1）输入一组正整数，以 −1 表示结束，分别统计其中包含的奇数和偶数的个数（无须统计最后的 −1）。

实验步骤

设整型变量 x 用于表示一个正整数，通过重复（即循环）输入 x 的值即得到一组正整数，并对每次输入的 x 进行三方面的判断，即值为 −1、奇数或偶数，以实现相应的数据处理过程，具体可通过以下两种思路（分别见图 3-32 和图 3-33）进行编程实现，其中 nOdd_Cnt 和 nEven_Cnt 为两个计数器，分别用于统计奇数和偶数的个数。

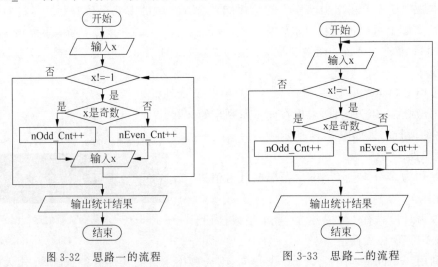

图 3-32　思路一的流程　　　　　图 3-33　思路二的流程

思路一的程序代码如下：

```c
# include < stdio. h >
int main()
{
    int x, nOdd_Cnt = 0, nEven_Cnt = 0;
    printf("请输入一个正整数( -1 表示结束):");
    scanf("% d", &x);
    while(x !=- 1)
    {
        x % 2 == 0 ? nEven_Cnt ++: nOdd_Cnt ++;
        printf("请输入一个正整数( -1 表示结束):");
        scanf("% d", &x);
    }
    printf("共有奇数 % d 个,偶数 % d 个\n", nOdd_Cnt, nEven_Cnt);
    return 0;
}
```

思路二的程序代码如下：

```c
# include < stdio. h >
```

```
int main()
{
    int x, nOdd_Cnt = 0, nEven_Cnt = 0;
    while(1)
    {
        printf("请输入一个正整数(-1表示结束):");
        scanf("%d", &x);
        if(x == -1)
            break;
        x % 2 == 0 ? nEven_Cnt ++: nOdd_Cnt ++;
    }
    printf("共有奇数%d个,偶数%d个\n", nOdd_Cnt, nEven_Cnt);
    return 0;
}
```

可见,while 循环中的循环条件(见思路一)有时能起到与 break 语句(见思路二)类似的效果,但使用 break 语句会使程序在具体思路上有细微区别,同时,思路二中的 while(1)又类似 do-while 语句形式,与 break 相结合后,实现了先做操作,再进行判断的循环效果。通过两种思路实现的程序运行结果相同,如图 3-34 所示。

(2)编程以判断一个整数是不是水仙花数,其中水仙花数的定义为各数位上数字的立方和等于整数自身,如 $153=1^3+5^3+3^3$。

实验步骤

对外部输入的一个整数 n,通过对每个数位上数字 x 的 3 次方求累加和,将该累加和与原数据 n 进行比较,当相等时则表示该整数是一个水仙花数。而对于其中各数位上的数字 x,可使用 n%10 求得当前个位数字,再紧跟着使用 n/=10 的操作,将当前个位数去除,使得原来的十位数成为新数字的个位数,继续重复以上两个操作以完成各数位数字的计算,直到 n 的值变为 0 为止,具体流程如图 3-35 所示。

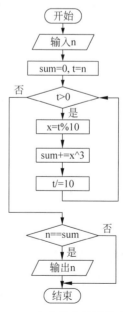

图 3-34　统计一组正整数中奇数和偶数个数的运行结果　　图 3-35　水仙花数的计算流程

实验项目

程序代码如下：

```c
#include <stdio.h>
int main()
{
    int sum, n, t, x;
    sum = 0;
    printf("请输入一个三位正整数:");
    scanf("%d", &n);
    t = n;
    while(t > 0)
    {
        x = t % 10;
        sum += x * x * x;
        t /= 10;
    }
    if(sum == n)
        printf("%d是水仙花数\n", n);
    else
        printf("%d不是水仙花数\n", n);
    return 0;
}
```

程序的运行结果如图 3-36 所示。

图 3-36　水仙花数的计算结果

思考：在上述程序中，需要通过语句"t = n;"对 n 的值进行备份，如果没有该语句，直接将所有 t 的位置换为 n，那么在后续的判断语句"if(sum == n);"中 n 的值还是原来的值吗？或者又是多少呢？

（3）编写程序，计算并输出表达式 a＋aa＋aaa＋…＋aaa…a(n 个 a)的值。其中，a 和 n 均为由键盘输入的正整数，且要求 a 为 1～9 的单个数字，如 a＝2，n＝3 时求得结果为 246(即 2＋22＋222 的值)。

实验步骤

首先将整个问题分析为一个累加和的问题，而对于每一个累加项通过观察可以发现，新的一项是前一项的 10 倍再加上 a 的值，因此得到的累加项可以通过语句"x＝x＊10＋a"来进行迭代求取，且可知初始时的 x 值为 0，具体流程如图 3-37 所示。

程序代码如下：

```c
#include <stdio.h>
int main()
{
```

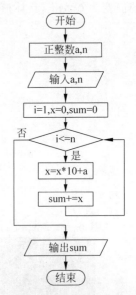

图 3-37　表达式的计算流程

```
    int sum, a,n,i, x;
    printf("请输入 a(1-9 以内)和 n 的值,以逗号隔开:");
    scanf("%d,%d", &a, &n);
    sum = x = 0;
    for(i = 1; i <= n; i ++)
    {
        x = x * 10 + a;
        sum += x;
    }
    printf("sum = %d\n", sum);
    return 0;
}
```

程序的运行结果如图 3-38 所示。比较验证性实验(2)和验证性实验(3)中的流程和程序代码,其中均有求累加和部分,虽在不同的问题中,但可以看出实现累加问题的程序实现中存在先初始化为 0,再通过循环语句进行逐个累加等共性代码。

(4) 使用迭代法求 a 的平方根,其中迭代公式为 $x_{n+1}=(x_n+a/x_n)/2$。假定 x_0 的初值为 a,迭代到 $|x_{n+1}-x_n|<10^{-5}$ 时为止,此时的 x_{n+1} 就代表 a 的平方根,可根据输入的 a 值,对计算结果进行验证,如输入 4 时,计算结果为 2。

实验步骤

迭代法又称为递推法,其主要思路是在给定起始项 x_0 后,根据递推公式依次递推后续各项,直到相邻两项间的精度达到要求精度为止。

程序代码如下:

```
#include <stdio.h>
#include <math.h>
int main()
{
    float xn, a, xn1;
    printf("请输入要计算平方根的值:");
    scanf("%f", &a);
    xn = xn1 = a;
    do
    {
        xn = xn1;
        xn1 = (xn + a / xn) / 2;
    }
    while(fabs(xn1 - xn) > 1e-5);
    printf("xn1 = %f\n", xn1);
    return 0;
}
```

程序的运行结果如图 3-39 所示。

图 3-38 表达式的值计算结果

图 3-39 平方根的计算结果

2. 设计性实验

(1) 采用 do-while 循环语句编程以计算 π 的近似值。其中的计算依据为 $\pi^2/6=1/1^2+$

$1/2^2+1/3^2+\cdots$,计算精度要求直到某一累加项的值小于 10^{-6} 为止(说明:在实验时可自行调整该精度值,如调整为 10^{-10},并观察得到结果的变化)。

实验提示

① 使用 do-while 循环语句计算 $1/1^2+1/2^2+1/3^2+\cdots+1/n^2$ 的值,该过程为一个累加和的求取过程,且循环条件根据 $1/n^2$ 大于或等于 10^{-6} 进行设置,并将最终的值记为 s。

② 将 s * 6 记为 t,可知 t 的值相当于 π^2。

③ 通过 t 的开平方,即可得到 π 的值,具体实验的运行结果可参考图 3-40 和图 3-41。

图 3-40 π 的近似值(精度为 10^{-6}) | 图 3-41 π 的近似值(精度为 10^{-10})

(2)编写程序,计算并输出 $100\sim600$ 满足以下条件的数:每个数位上数字的积为 45 且和为 15,同时统计并输出满足以上条件的数的个数。

实验提示

① 使用 for 循环语句控制变量 i 的值从 100 依次以 1 递增到 600,并对其中的每一个 i 计算各数位上数字的乘积 product、数位的和 sum。

② 通过语句"if(sum==15 && product==45)"来判断该数是否满足题目要求的条件。

③ 在满足条件时,则输出该 i 的值,并通过计数器进行计数,最后在 for 语句结束后输出计数器的值,具体实验的运行结果可参考图 3-42。

(3)编写程序,计算函数 $y=(5*\sin(x)+x-3.6*\cos(x))^2$ 的最小值,其中自变量 x 的取值为闭区间 $[-50,50]$ 中的所有整数,要求输出取最小值时的 x 和 y 值。程序的运行结果如图 3-43 所示。

图 3-42 设计性实验(2)的运行结果 | 图 3-43 设计性实验(3)的运行结果

实验提示

① 令 xMin 为 -50,根据函数定义计算 yMin 值作为当前最小的函数值。

② 使用 for 循环语句控制变量 x 的值从 -49 依次以 1 递增到 50。

③ 对每一个 x,计算对应的 y 值并使用语句"if(yMin>y)"来判断当前的 yMin 值是否大于新计算的 y 值,若大于则令 yMin=y,xMin=x 记录当前的函数最小值及对应的 x。

④ 运行步骤③直到 for 语句结束,输出最终的 xMin 和 yMin。

(4)编写程序,根据输入的两个不同的正整数(设为 a 和 b),计算并输出它们的最大公约数和最小公倍数。具体实验的运行结果可参考图 3-44。

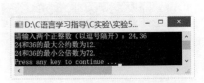

图 3-44 设计性实验(4)的运行结果

实验提示

整个过程可利用辗转相除法进行,具体流程如下。

① 通过 ta＝a,tb＝b 对两个原始的正整数进行备份。

② 根据 c＝ta％tb 计算 c 的值。

③ 若 c＝0,则转到步骤⑤,否则执行步骤④。

④ 执行 ta＝tb,tb＝c,再转到步骤②。

⑤ 返回 tb 为 a 和 b 的最大公约数,a＊b/tb 为 a 和 b 的最小公倍数。

3. 提高性实验

(1) 有一筐桃子,第一天被卖掉一半,被吃了一个;第二天又被卖掉剩下的一半,被吃了一个;第三天、第四天、第五天都天天如此,到第六天发现筐里就剩一个桃子了。编写程序,计算最初筐里一共有多少个桃子。程序的运行结果如图 3-45 所示。

(2) 编写程序,计算一个正整数反向后的正整数。例如:输入 12345,则反向后的正整数应为 54321。程序的运行结果如图 3-46 所示。

图 3-45　桃子数量计算的运行结果

图 3-46　提高性实验(2)的运行结果

实验项目6　分支与循环结构综合程序设计

一、实验目的

(1) 掌握 C 语言中的程序控制结构。

(2) 掌握常见的循环结构和分支结构混合使用的程序设计方法。

(3) 学会使用综合程序设计方法实现一些典型的算法及解决一些实际问题。

二、实验要求

(1) 熟悉综合程序设计方法,会编写稍微复杂的程序。

(2) 能够掌握程序的运行步骤,尤其是循环结构程序。

(3) 能够在程序中正确使用 break 语句和 continue 语句。

三、实验内容

1. 验证性实验

(1) 编写程序,根据输入的行数 n,打印如图 3-47 所示的图形。

实验步骤

分析图案可知,每一行由空格、星号和回车三部分字符组成,而且在行数 n 等于 4 的情况下,这三部分的数量分别如下:

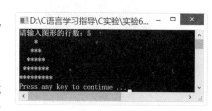

图 3-47　输出图形的运行结果

行　　数	空　格　数	星　号　数	回　车　数
1	3	1	1
2	2	3	1
3	1	5	1
4	0	7	1

通过总结归纳可知,在一共有 n 行的图形中,第 i 行由 n−i 个空格、2 * i−1 个星号、1 个回车组成,因此,大致的伪代码描述如下:

```
for(i = 1; i <= n; i ++)              //表示输出 n 行
{
    //输出 n−i 个空格
    //输出 2 * i−1 个星号
    //输出 1 个回车
}
```

而输出 n−i 个空格又可以通过对输出 1 个空格重复 n−i 次来实现,进一步形成一个双重循环语句,其中外层循环用于控制图形的行数,而内层循环则分别用来输出第 i 行中的三部分字符。

程序代码如下:

```
#include <stdio.h>
int main()
{
    int n, i, j;
    printf("请输入图形的行数:");
    scanf("%d", &n);
    for(i = 1; i <= n; i ++)
    {
        for(j = 1; j <= n − i; j ++)          //输出 n−i 个空格
            printf(" ");
        for(j = 1; j <= 2 * i − 1; j ++)      //输出 2 * i−1 个星号
            printf(" * ");
        printf("\n");                          //输出 1 个回车符
    }
    return 0;
}
```

思考:如何修改以上代码,使其能输出如图 3-48、图 3-49 和图 3-50 中所示的图形呢?(提示:前面的程序是按第 1 行到第 n 行输出,可尝试从第 n 行到第 1 行倒序输出并观察结果,另外,原来的字符都是' * ',可以对其进行规律性变化,如初始字符为'1'时,可通过'1'+i 的方式依次得到字符'2'、'3'、'4'……)。

图 3-48　图形一

图 3-49　图形二

图 3-50　图形三

（2）连续输入以回车结束的多个字符，分别统计出其中的英文字母、空格、数字和其他字符的个数（不含最后的回车）。程序的运行结果如图 3-51 所示。

实验步骤

可以使用语句"while((ch＝getchar()) != '\n')"经典描述，并在输入过程中，对输入的字符 ch 依次进行检查，并根据检查结果进行统计以得到相应结果。

程序代码如下：

```c
# include < stdio. h >
int main()
{
    int nLet, nSpa, nDig, nOth;
    char ch;
    nLet = nSpa = nDig = nOth = 0;
    printf("请输入多个字符,以回车键结束:");
    while((ch = getchar()) != '\n')
    {
        if((ch >= 'a' && ch <= 'z') || (ch >= 'A' && ch <= 'Z'))
            nLet ++;
        else if(ch == ' ')
            nSpa++;
        else if(ch >= '0' && ch <= '9')
            nDig++;
        else
            nOth++;
    }
    printf("字母%d个,空格%d个,数字%d个和其他字符%d个\n", nLet, nSpa, nDig, nOth);
    return 0;
}
```

（3）编程求解鸡兔同笼问题：有若干鸡和兔同在一个笼子里，且共有 35 个头和 94 只脚，问笼中各有多少只鸡和兔？程序的运行结果如图 3-52 所示。

图 3-51 字符统计的运行结果

图 3-52 鸡兔同笼问题的求解结果

实验步骤

可以使用 x 和 y 分别用于计算鸡和兔的数量，可知 x 和 y 的取值都在 35 以内，且满足条件 x＋y＝35 和 2x＋4y＝94。可通过对 x 和 y 进行穷举的方式进行验证，并输出满足以上条件的 x 和 y 值作为最终的结果。

程序代码如下：

```c
# include < stdio. h >
int main()
{
    int x, y;
    for(x = 0; x <= 35; x ++)
    {
        for(y = 0; y <= 35; y ++)
```

实验项目

```
        if(x + y == 35 && 2 * x + 4 * y == 94)
                printf("鸡的数量为:%d,兔的数量为:%d\n", x, y);
    }
    return 0;
}
```

（4）编程计算以下表达式中 s 的值：s＝1＋(1+2)＋(1+2+3)＋…＋(1+2+3+…+n)，其中 n 为外部输入的正整数。程序的运行结果如图 3-53 所示。

实验步骤

整个问题为一个累加过程，而其中每个累加项自身又是一个累加的子过程，所以可以通过两个类似的累加循环进行嵌套，以实现 s 的计算。

程序代码如下：

```
#include <stdio.h>
int main()
{
    int n, i,j, s = 0, sTemp;
    printf("请输入正整数n的值:");
    scanf("%d", &n);
    for(i = 1; i <= n; i ++)
    {
        sTemp = 0;
        for(j = 1; j <= i; j ++)
            sTemp += j;
        s += sTemp;
    }
    printf("s = %d\n", s);
    return 0;
}
```

思考：上述实验中(3)和(4)对应的程序都使用了循环嵌套，能否对当前的程序进行修改，使得每个程序中均只使用一层循环（即不使用循环嵌套）即可实现当前题目中所要求的功能？

2. 设计性实验

（1）编写程序，计算并输出 e 的值，其中依据的计算公式为：

$$e \approx 1 + \frac{1}{1!} + \frac{1}{2!} + \cdots + \frac{1}{n!}$$

要求累加到某累加项的值小于或等于 10^{-6} 为止。程序的运行结果如图 3-54 所示。

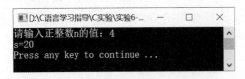

图 3-53　累加问题的计算结果

图 3-54　计算 e 的值运行结果

实验提示

① 从整体上看，计算过程为一个求累加和 e 的过程，可通过常规的累加和描述，在 e＝1 的前提下，对 e＋＝1/Xi 进行循环来实现，其中 Xi 表示 i!（其计算见步骤②），同时循环条件可设置为 1（即永远为真），只在累加前判断 1/Xi 是否超过 10^{-6}，若超过则直接终止整个累

加循环。

② 观察即可知,i!属于累乘问题,可通过常规的累积运算进行代码实现,在 Xi=1 的前提下,使用循环语句依次累乘小于或等于 i 的正整数。

③ 通过步骤①和步骤②形成的双层嵌套循环计算出 e 值,在循环结束后输出该值即可。

（2）编写程序,计算并输出 3～500 的所有素数,要求每行输出 12 个数。

实验提示

① 使用循环语句,控制变量 i 的取值为从 3 到 500 以 1 为递增的所有整数,使用步骤②和步骤③来判断 i 是否为素数,若为素数则输出该数,同时在输出时对输出的数进行计数,当输出的数的个数为 12 的倍数时,输出一个换行符,以达到每行输出 12 个数的效果。

② 集中判断变量 i 是否为素数,根据素数的定义,使用循环语句依次对 2 到 i−1 的整数 x,判断 i％x＝＝0 是否成立,若成立则直接终止该循环,否则继续判断直到循环结束,并根据步骤③得出相应的结论。

③ 步骤②中的循环结束后,判断 x＜＝i−1 是否成立,若成立则说明该循环中途终止过,即步骤②中的 i％x＝＝0 成立所引起的终止,对应得到结论为 i 不是素数,否则表示 i％x＝＝0 一直没成立过,即所有的数都不整除,得到结论为 i 是素数。程序的运行结果如图 3-55 所示。

（3）为验证哥德巴赫猜想(任何一个大于或等于 6 的偶数都可以表示为两个素数之和。例如：6＝3＋3,8＝3＋5,…,100＝3＋97),编写程序,将 6～100 的所有偶数都表示成两个素数之和,要求每行输出 5 个等式。程序的运行结果如图 3-56 所示。

图 3-55　3～500 的所有素数

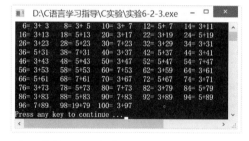
图 3-56　大于或等于 6 的偶数表示为两个素数之和的运行结果

实验提示

① 使用循环语句,控制变量 i 的取值为从 6 到 100 以 2 为递增的所有偶数,接下来判断将 i 分成的两个数是否都为素数,设第一个为 n,则第二个为 i−n,又可以知道 n 和 i−n 都不能为偶数,因为偶数肯定不是素数,所以它们可能的取值为从 3 开始,在小于或等于 i/2 的范围内,以 2 为递增的奇数,因此又需要第二层循环来表示在变量 i 下,n 和 i−n 的取值情况,如 n 的取值可用类似 for(n=3; n<=i/2; n+=2)的语句来描述。

② 在步骤①的第二层循环体中,分别以设计性实验(2)中提示步骤②和步骤③所描述的类似过程,先后通过两个循环语句来判断 n 和 i−n 是否为素数,并且若判断发现 n 已不是素数时,则直接跳过 i−n 的判断过程。

③ 综合步骤②的判断结果,只有当 n 和 i−n 都为素数时,才将 n 和 i−n 作为结果输出,并在输出结果时直接进行计数,当计数器为 5 的倍数时,则输出一个换行符。注意,由于对同一个 i 可能得到多个满足的 n 和 i−n 组合,但只要一组即代表题目中的猜想已得到验

证,所以立即进入下一个 i 的值并继续验证。

（4）编写程序,找出 100～999(含 100 和 999)的所有水仙花数,其中水仙花数的定义为各数位上数字的立方和等于整数自身,如 $153 = 1^3 + 5^3 + 3^3$。程序的运行结果如图 3-57 所示。

实验提示

① 使用循环语句,控制变量 i 的取值为 100～999,接下来使用步骤②判断 i 是否为水仙花数。

② 根据水仙花数的定义,即每个数位上数字的立方和等于这个数本身,具体判断 i 是否为水仙花数的过程可参考实验项目 5 中的验证性实验(2)。

③ 综合步骤②的判断结果,当 i 是水仙花数时,则输出当前 i 的值。

3. 提高性实验

（1）编写程序,求满足条件 $1^2 + 2^2 + 3^2 + \cdots + n^2 \leqslant 1000$ 中最大的 n,程序的运行结果如图 3-58 所示。

图 3-57　100～999 的水仙花数　　　图 3-58　提高实验(1)的运行结果

（2）编写程序,分别输出如图 3-59 和图 3-60 所示的九九乘法表。

图 3-59　九九乘法表一　　　　　　图 3-60　九九乘法表二

实验项目 7　一维数组程序设计

一、实验目的

（1）掌握一维数组的定义、赋值和输入输出方法。

（2）理解一维数组定义时各部分所代表的意义,并能正确引用该数组元素。

（3）熟悉和掌握与一维数组有关的常用算法,如查找、排序等。

二、实验要求

（1）理解 C 语言中数组的作用及应用特点。

（2）掌握一维数组元素的引用及有序性特点。

（3）理解一维数组的实际应用。

三、实验内容

1. 验证性实验

（1）输入并执行如下程序，结合程序的运行结果分析程序的含义和功能。

```c
/* 实验 7_1.C */
#include <stdio.h>
int main()
{
    int i, a[5], t;
    printf("Please input 5 numbers:\n");
    for(i = 0; i < 5; i++)
        scanf("%d", &a[i]);
    t = a[0];
    for(i = 0; i < 5; i++)
        if(t < a[i])
            t = a[i];
    for(i = 0; i < 5; i++)
        printf("%d\t", a[i]);
    printf("\nt = %d\n", t);
    return 0;
}
```

实验步骤

① 运行程序，并观察程序的运行结果，如图 3-61 所示。

② 将程序中的 t＜a[i] 改为 t＞a[i]，再输入相同的数据并观察程序的运行结果。

③ 注意循环变量与下标变量的结合。

图 3-61　一维数组的输入和输出

思考：

① 将程序中某个循环体的语句 i＝0 改为 i＝1，则如何修改该循环体的其他部分，使得整个循环的意义不变？

② 若将循环中的 i＜5 改为 i＜＝5，观察发生的情况，为何会发生该情况？

（2）输入 10 个学生成绩，统计并输出不及格和及格的学生人数。

实验步骤

① 先定义数组，同时定义两个用于计数的变量（设为 m 和 n），并初始化为 0，分别用于统计不及格和及格的学生人数。

② 用循环语句输入 10 个学生成绩到数组中。

③ 使用循环依次比较并统计不及格和及格的学生人数。

④ 输出相应的统计结果。

程序代码如下：

```c
/* 实验 7_2.C */
#include <stdio.h>
int main()
{
    int score[10], m = 0, n = 0, i;
```

```
    printf("Input 10 scores:\n");
    for(i = 0; i < 10; i++)
        scanf(" % d", &score[i]);
    for(i = 0; i < 10; i++)
    {
        if(score[i] < 60)
            m++;
        else
            n++;
    }
    printf("Failed: % d.\nNot Failed: % d.\n", m, n);
    return 0;
}
```

程序的运行结果如图 3-62 所示。

思考：

① 将程序改成对分数的多个级别（如 60～70 为及格,71～80 为良好等）统计,则该如何进行？

② 程序中的 if 语句若改为使用">="进行比较,则该如何进行？

图 3-62　数组元素信息的统计

③ 程序中语句 m＝0 只写为 m,则会有什么变化？

2. 设计性实验

（1）输入 10 个整数到数组 a 中,将它们按逆序保存并输出。

实验提示

① 用循环语句输入 10 个整数到数组中。

② 用循环语句完成以下过程：将第 1 个元素与倒数第 1 个元素互换位置,将第 2 个元素与倒数第 2 个元素互换位置,一直到最中间的元素。

③ 使用循环依次输出互换结束后的数组元素,具体实验的运行结果可参考图 3-63。

（2）编写程序,根据函数 $y = x^2 - 8x + \sin x$ 计算 $x = 1, 2, 3, \cdots, 10$ 时的函数值 y,并计算和输出这些 y 值中的极小值（保留两位小数）及对应的 x 取值。

实验提示

① 用循环语句初始化包含 10 个元素的数组 X。

② 用循环语句根据函数表达式计算包含 10 个元素的数组 Y。

③ 使用依次比较并更新当前最小值的方法,通过循环得到数组 Y 中的最小值及对应的 X 中的元素。

④ 输出对应的结果,具体实验的运行结果可参考图 3-64。

图 3-63　数组元素逆序保存的结果

图 3-64　数组元素赋值和极值的计算

3. 提高实验

（1）输入 10 个整数，删除其中的负数后输出剩下的数据。

解题思路

先定义一个一维数组用以保存输入的 10 个整数且令数据总个数为 10，依次扫描数组的每个元素，并在扫描的同时检测当前元素是否为负数，若是则删除该元素且数据总个数减 1，否则继续扫描并检测下一个元素。删除一个元素的过程为：将当前元素后面的所有元素都向前移动一个位置，此时当前元素会被其后面的第一个元素所覆盖，而其后面其他元素的相对位置均未发生变化。具体实验的运行结果可参考图 3-65。

（2）用一维数组解决以下问题：输入两个各含有 10 个数据（整型）的数据序列，求取它们共有的数据，并对共有数据进行升序排序后输出。如序列 A 的元素为 2,5,4,1,6,11,10, 9,3,7，序列 B 的元素为 9,10,5,15,1,11,13,7,8,3，则输出结果为 1,3,5,7,9,10,11。

解题思路

将序列 A 中的元素逐个取出，与序列 B 中的每个元素进行比较，若遇到相等的元素，即添加到序列 C，等所有相等的元素均已取出后，再对序列 C 进行升序排序。具体实验的运行结果可参考图 3-66。

图 3-65　删除数组中的负数

图 3-66　查找两个数组中的公共元素

实验项目 8　二维数组程序设计

一、实验目的

（1）掌握二维数组的定义、赋值和输入输出的方法。

（2）掌握二维数组元素的引用及其在内存中的存储特点。

（3）掌握与矩阵相关的算法，如矩阵转置、对角线元素求和等。

二、实验要求

（1）理解 C 语言中二维数组与一维数组的异同。

（2）掌握二维数组元素的引用及其规律。

（3）理解二维数组的实际应用。

三、实验内容

1. 验证性实验

（1）输入并执行下列程序，结合程序的运行结果分析程序的含义与功能。

```
/* 实验 8_1.C */
```

```
# include < stdio. h >
int main()
{
    int i, j, sum = 0;
    int a[6][6];
    for(i = 0; i < 6; i++)
        for(j = 0; j < 6; j++)
            a[i][j] = i * 10 + j;
    for(i = 0; i < 6; i++)
    {
        for(j = 0; j < 6; j++)
            printf(" % d\t", a[i][j]);
        printf("\n");
    }
    for(i = 0; i < 6; i++)
        sum += a[i][6 - i - 1];
    printf("sum = % d\n", sum);
        return 0;
}
```

实验步骤

① 程序运行后,观察程序的运行结果,如图 3-67 所示。

② 注意循环变量与下标变量的结合。

③ 将语句"printf("\n");"删除再运行程序,通过对照程序的运行结果分析程序的功能。

图 3-67　二维数组中的对角线元素求和

思考:

① 如果将程序中的 6-i-1 修改为 i,该程序的功能如何?

② 语句:

```
for(i = 0; i < 6; i++)
{
    for(j = 0; j < 6; j++)
        printf(" % d\t", a[i][j]);
    printf("\n");
}
```

和语句:

```
for(j = 0; j < 6; j++)
{
    for(i = 0; i < 6; i++)
        printf(" % d\t", a[i][j]);
    printf("\n");
}
```

的功能有什么异同点?

(2) 补充以下程序,使其可以实现:统计 3×5 的矩阵中正数、负数和零的个数。

```
/ * 实验 8_2.C * /
# include < stdio. h >
int main()
{
```

```
int a[3][5], i, j, positive, negative, zero;
for(i = 0; i < 3; i++)
    for(j = 0; j < 5; j++)
        scanf(" % d",_____(1)_____);
    _____(2)_____;
for(i = 0; i < 3; i++)
    for(j = 0; j < 5; j++)
        if(_____(3)_____)
            positive++;
        else if(a[i][j] < 0)
            negtive++;
        _____(4)_____
            zero++;
printf("正数有 % d 个,负数有 % d 个,零有 % d 个\n", positive, negative, zero);
return 0;
}
```

实验步骤

① 通过观察可知,程序中变量 positive,negative,zero 分别代表正数、负数及零的个数,起计数器的作用。

② 程序的主要步骤分为三步:输入、统计和输出。

③ 首先通过二维数组元素的引用来完善第 1 个填空,再通过使用计数器的统计过程完善第 2 个填空和第 3 个填空,第 4 个填空则为选择逻辑。具体实验的运行结果可参考图 3-68。

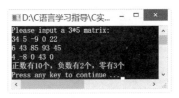

图 3-68　二维数组中特征元素个数的统计

思考:

① 能否修改整个程序,使得只用 positive 和 negative 两个计数器变量就可以完成程序的功能?

② 如果将程序中的以下循环:

```
for(i = 0; i < 3; i++)
    for(j = 0; j < 5; j++)
```

修改为:

```
for(i = 0; i < 5; i++)
    for(j = 0; j < 3; j++)
```

程序的其他部分将会有什么变化?

2. 设计性实验

(1) 求 4×4 二维数组中主对角线以下(包括主对角线)的元素之和。

实验提示

① 用双重循环语句输入 16 个数据到二维数组中。

② 将表示和的变量初值设置为 0。

③ 用循环语句计算主对角线以下(包括主对角线)的元素之和,通过观察可以发现,设元素描述为 a[i][j] 时,要求和的元素为满足 i>=j 的元素。

④ 使用循环累加完成计算元素之和的过程,并将累加和输出。具体实验的运行结果可参考图 3-69。

(2) 输入一个 3×4 的矩阵,计算并输出该矩阵的转置矩阵。

实验提示

① 定义一个 3×4 的二维数组表示原始矩阵 a,一个 4×3 的二维数组表示转置矩阵 b。

② 用双重循环语句输入原始二维数组中的数据。

③ 通过转置矩阵与原始矩阵的关系(b[i][j]=a[j][i])对转置矩阵进行赋值。

④ 输出得到的转置矩阵。具体实验的运行结果可参考图 3-70。

图 3-69 矩阵特征区域求和

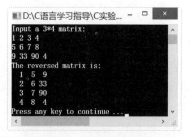

图 3-70 计算转置矩阵

3. 提高性实验

(1) 输入 3 个学生 5 门课的成绩,计算并输出每门课的最高分及取得最高分的学生编号。

解题思路

3 个学生 5 门课程的成绩如图 3-71 所示,这些成绩可以使用对应结构的 3×5 的二维数组来进行保存,并对该二维数组进行操作来完成实验要求。

学生编号	课程编号				
	0	1	2	3	4
0	a[0][0]	a[0][1]	a[0][2]	a[0][3]	a[0][4]
1	a[1][0]	a[1][1]	a[1][2]	a[1][3]	a[1][4]
2	a[2][0]	a[2][1]	a[2][2]	a[2][3]	a[2][4]

图 3-71 二维数组元素和 3 个学生 5 门课成绩数据的对应关系

可以看出,第 1 门课的最高分即第 1 列元素(即 a[0][0]、a[1][0] 和 a[2][0])的最大值,第 2 门课的最高分即第 2 列元素(即 a[0][1]、a[1][1] 和 a[2][1])的最大值,以此类推,可以发现求第 j(设 j 从 0 开始)门课最大值的过程为计算 a[i][j] 的最大值,其中 i 的取值范围为从 0 到 2。最后通过整理可知,要求得所有 5 门课的最大值只需将 j 从 0 取到 4,其中 j=0 时,计算的是第 1 门课的最高分;j=1 时,计算的是第 2 门课的最高分,以此类推,一直到 j=4 时,计算的是第 5 门课的最高分。具体实验的运行结果可参考图 3-72。

(2) 任意输入两个 4×4 的矩阵 A 和 B,计算并输出 A 与 B 的乘积矩阵。

解题思路

4×4 矩阵的乘积公式如下:

$$C = A \times B = \begin{bmatrix} a_{00} & a_{01} & a_{02} & a_{03} \\ a_{10} & a_{11} & a_{12} & a_{13} \\ a_{20} & a_{21} & a_{22} & a_{23} \\ a_{30} & a_{31} & a_{32} & a_{33} \end{bmatrix} \times \begin{bmatrix} b_{00} & b_{01} & b_{02} & b_{03} \\ b_{10} & b_{11} & b_{12} & b_{13} \\ b_{20} & b_{21} & b_{22} & b_{23} \\ b_{30} & b_{31} & b_{32} & b_{33} \end{bmatrix} = \begin{bmatrix} c_{00} & c_{01} & c_{02} & c_{03} \\ c_{10} & c_{11} & c_{12} & c_{13} \\ c_{20} & c_{21} & c_{22} & c_{23} \\ c_{30} & c_{31} & c_{32} & c_{33} \end{bmatrix}$$

其中,矩阵 C 中的任意一个元素可由以下公式计算得到:

$$c_{if} = a_{i0} \times b_{0j} + a_{i1} \times b_{1j} + a_{i2} \times b_{2j} + a_{i3} \times b_{3j}$$

具体实验的运行结果可参考图 3-73。

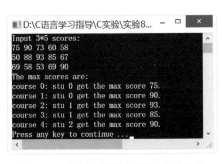

图 3-72　使用二维数组进行成绩统计

图 3-73　计算矩阵的乘积

实验项目 9　字符数组程序设计

一、实验目的

（1）掌握字符数组的定义和初始化方法。
（2）掌握字符数组的输入、输出方法。
（3）掌握字符串的存取方法和字符串函数的使用。

二、实验要求

（1）理解 C 语言中字符数组与一般数组的异同。
（2）掌握字符串在计算机中的表示方式及引用时的注意事项。
（3）理解字符数组的实际应用。

三、实验内容

1. 验证性实验

（1）输入并执行以下两个程序,结合程序的运行结果理解程序的含义。

程序一:

```
/* 实验9_1.C */
#include <stdio.h>
int main()
{
        int i = 0;
```

```
        char str[80];
        while((str[i++] = getchar() ) != '?')      /* 第6行 */
            ;
        str[i-1] = '\0';
        puts(str);
    return 0;
}
```

程序二：

```
/* 实验 9_2.C */
#include <stdio.h>
int main()
{
    int i = 0, j, count = 0;
    char str1[20], str2[ ] = { 'a', 'e', 'i', 'o', 'u' };
    while((str1[i++] = getchar()) != '#')
        ;
    str1[i-1] = '\0';
    i = 0;
    while(str1[i])                      /* 第10行 */
    {
        for(j = 0; j < 5; j++)
            if(str1[i] == str2[j])
                count++;                /* count 用于计数 */
        i++;
    }
    printf("count = %d.\n", count);
    return 0;
}
```

实验步骤

① 程序运行后，观察程序的执行结果，分别如图 3-74 和图 3-75 所示。

② 注意循环变量与下标变量的结合。

③ 分别将语句"str[i-1]= '\0';"删除再运行程序，通过对照程序的运行结果分析程序的功能。

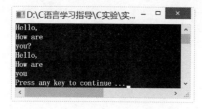

图 3-74 字符串的输入方式

图 3-75 统计字符串中的元音字母

思考：

① 对照删除语句"str[i-1]= '\0';"后出现的结果，想想该语句的功能是什么。

② 程序中以下语句：

```
while((str[i++] = getchar()) != '?')
    ;
str[i-1] = '\0';
```

的功能是什么?'\0'在此的作用是什么?

(2) 输入一个字符串(少于 20 个字符),统计并输出其中数字字符的个数。

实验步骤

① 输入一个字符串到字符数组中。

② 使用循环语句依次扫描每个字符串中的字符,并使用计数器对其中的数字字符进行计数。

③ 循环结束后,输出相应的统计结果。

程序代码如下:

```
/* 实验 9_3.C */
#include <stdio.h>
int main()
{
    int i, count = 0;
    char str[20];
    printf("Input a string:\n");
    gets(str);
    /* 从第 1 个字符开始扫描,直到遇到'\0'前的字符 */
    for(i = 0; str[i] != '\0'; i++)
    {
        if(str[i] >= '0' && str[i] <= '9')          /* 判定是否为数字字符 */
            count++;
    }
    printf("%s has %d digits.\n", str, count);
    return 0;
}
```

程序的运行结果如图 3-76 所示。

思考:

① 语句"gets(str);"的作用是什么? 能否用 scanf 函数来表达该语句? 它们有什么异同?

② 循环语句:

for(i = 0; str[i] != '\0'; i++)

图 3-76　统计字符串中的数字

的作用是什么? 能否用其他语句来进行替换?

2. 设计性实验

(1) 输入一个字符串(少于 20 个字符),求取并输出此字符串的长度(要求不使用 strlen 函数)。

实验提示

① 输入一个字符串到字符数组中。

② 设置计数器初值为 0,并使用循环语句依次扫描字符串中的所有字符,每扫描一个计数器加 1,直到遇到字符'\0'时循环结束。

③ 输出相应的计数器的值。具体实验的运行结果可参考图 3-77。

(2) 输入三句话(每句不超过 80 个字符),要求分别统计其中英文大写字母、小写字母、数字和其他字符的个数。

实验提示

① 定义一个3×80的二维字符数组a用于存放要操作的字符串,二维数组中的每一行依次存储输入的一句话。

② 对于其中的每一行数组,可以当作一个字符串(一维字符数组)来进行处理,通过循环和计数器结合统计其中的特征字符个数。

③ 在对每一句话处理时,注意循环的次数不是1～80,而是根据字符串的长度来决定循环次数。

④ 输出相应的计数器统计结果。具体实验的运行结果可参考图3-78。

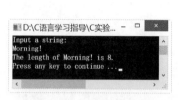

图3-77 计算字符串长度

图3-78 统计多个字符串中的特征字符

3. 提高性实验

(1) 输入一个以回车结束的字符串(少于20个字符),删除其中所有的数字字符,同时将所有的小写字母变为大写字母,然后输出该字符串。

解题思路

输入一个字符串到字符数组 str 中。首先从原字符串的起始位置开始检测,逐个判断当前字符是否是数字字符,若是数字字符,则删除该字符得到新的字符串,并从新字符串的起始位置重新开始检测;若不是数字字符,则继续检测下一个字符。其中,删除字符串中某个字符的过程为:将与该字符相邻的下一个字符开始一直到字符串结束,所有字符依次往前移动一个位置。重复以上过程,直到字符串结束,最后将得到的新字符串用 strupr 函数处理,即可得到所要求的字符串。具体实验的运行结果可参考图3-79。

(2) 输入一个由数字字符组成的字符串(少于6个字符),将其转换为十进制的整型数据并输出该数据的值。

解题思路

要将数字字符转换为数字,需要利用这些字符所对应的 ASCII 码及这些 ASCII 码之间的关系。主要通过它们的 ASCII 码与字符'0'的 ASCII 码的差值来计算,如字符'0'要转化为数字0,可通过'0'-'0'表达式得到,同理,'1'-'0'可得到1,以此类推。在得到这些数字序列后,再给每个数字赋以权值就能得到最后的数据,如:123 中 1 的权值为 100。赋权值的过程可描述如下(以 123 为例):$s=0, s=s\times10+1, s=s\times10+2, s=s\times10+3$。通过整理可结合循环进行程序实现。具体实验的运行结果可参考图3-80。

图3-79 删除字符串中的数字字符

图3-80 字符串转换为十进制数

实验项目 10　数组与指针程序设计

一、实验目的

（1）了解指针的概念并掌握指针变量的定义。
（2）掌握指向数组的指针及通过指针来访问数组元素的方法。
（3）掌握字符串指针及指向字符串的指针变量的使用方法。
（4）理解指针数组的概念并掌握其简单的使用方法。
（5）熟悉和掌握指针的概念及其使用方法。

二、实验要求

（1）了解指针及其使用特点。
（2）熟悉用指针对数组元素进行引用。
（3）熟悉用指针对字符串进行简单操作。
（4）了解指针数组及其使用方法。

三、实验内容

1. 验证性实验

（1）输入并执行以下程序，结合程序的运行结果理解程序的含义。

```
/* 实验 10_1.C */
#include <stdio.h>
int main()
{
    int a, b, t;
    int *pA, *pB;
    pA = &a;
    pB = &b;
    printf("Please input a and b:\n");
    scanf("%d,%d", pA, pB);
    printf("Before:\n");
    printf("a=%d,b=%d\n", a, b);
    printf("*pA=%d,*pB=%d\n", *pA, *pB);
    t = *pA;
    *pA = *pB;
    *pB = t;
    printf("After:\n");
    printf("a=%d,b=%d\n", a, b);
    printf("*pA=%d,*pB=%d\n", *pA, *pB);
    return 0;
}
```

实验步骤

① 程序运行后，观察程序的执行结果，如图 3-81
所示。

② 注意语句"scanf("%d,%d", pA, pB);"的描述

图 3-81　指针简单使用回顾

方式。

③ 观察指针相关的操作符 * 和 & 的使用方式。

思考：

① 语句"scanf("%d,%d", pA, pB);"在未使用指针时通常是什么形式的？在此的 pA 相当于以前形式中的什么？

② 语句"pA＝&a;"和"pB＝&b;"的意义是什么？本程序中删除该语句后的结果是什么？为什么会出现如此结果？

（2）任意输入 5 个整数到数组中，使用指针方式计算这些整数的乘积。

实验步骤

① 定义 5 个整数的数组 a 和一个同类型指针，并将 a 赋值给该指针，再定义一个表示累积的变量，且初始化为 1。

② 使用指针和循环语句相结合输入 5 个整数到数组 a 中。

③ 使用指针和循环语句相结合实现 5 个整数的累积过程。

④ 输出最后的累积结果。

程序代码如下：

```
/* 实验 10_2.C */
#include <stdio.h>
int main()
{
    int a[5], *p = a;
    int i, m = 1;
    printf("Please input 5 integers:\n");
    for(i = 0; i < 5; i ++)
        scanf("%d", p + i);
    for(i = 0; i < 5; i ++)
        m *= *(p + i);
    printf("m = %d\n", m);
    return 0;
}
```

程序的运行结果如图 3-82 所示。

思考：

① 第一个 for 语句可否修改为如下形式？

```
for(i = 0; i < 5; i ++, p++)
    scanf("%d", p);
```

图 3-82　使用指针计算数组元素的积

如果可以的话，原因是什么？是否还有其他改写方式？

② 程序中的指针 p 和数组名称 a 之间有什么异同？

③ 语句"m *= *(p+i);"的作用是什么？其中的 *(p+i)与 a[i]、p[i]和 *(a+i)是什么关系？

2. 设计性实验

（1）任意输入 3×5 的矩阵数据到二维数组中，使用指针方式计算其中每一行的和。

实验提示

① 定义相应的二维数组 a 和一个指针，以及表示和的数组 s，并初始化 s 的所有元素

为 0。

② 通过二重循环(设循环变量依次为 i，j)结合指针输入数组的所有元素，其中第一层循环体中添加语句"p=a[i]；"，第二层循环体为 scanf("%d"，p+j)。

③ 通过一个二重循环分别计算每一行的和，其中第一层循环体中添加语句"p=a[i]；"，第二层循环体为 s[i] += *(p+j)。

④ 使用一重循环输出所有的和。具体实验的运行结果可参考图 3-83。

(2) 使用指针方式实现两个字符串的连接，并将连接后的字符串输出。

实验提示

① 定义两个字符数组，其中第一个字符数组的大小必须能够容纳连接后的字符串。定义两个字符类型的指针，分别初始化为两个数组的首地址。

② 通过指针与循环结合找到第一个字符串中'\0'的位置。

③ 通过指针与循环结合将第二个字符串中的内容依次复制到第一个字符数组中，直到第二个字符串为'\0'时结束。

④ 将整个字符串的末尾添加'\0'标志后输出整个新字符串。具体实验的运行结果可参考图 3-84。

图 3-83　使用指针计算二维数组一行的和

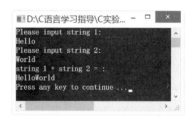

图 3-84　使用指针实现两个字符串的连接

3. 提高性实验

(1) 输入 10 个数据，使用指针引用的方式将它们按从大到小的顺序排列。

解题思路

在进行定义时，可直接定义指针并初始化为数组名称，在输入数据后，可通过简单的指针替换数组名称的方式实现相应的排序算法。同时需要注意数组名称表示地址时为常量，不能出现自增和自减操作。具体实验的运行结果可参考图 3-85。

图 3-85　使用指针对数组元素进行排序

(2) 使用指针数组完成：输入 3 个单词到数组中，再输入另外一个单词，查找前面的数组中是否出现过该单词，并输出相应的提示信息。

解题思路

在进行定义时，可直接定义一个二维字符数组和一维的指针数组，并将该指针数组初始化为二维字符数组中每一行的首地址，如此，指针数组的每一个元素即代表题目中的一个单词，可通过字符串比较函数 strcmp 进行较简单的单词比较并得到结果，同时输出相应的提示信息。具体实验的运行结果可参考图 3-86 和图 3-87。

图 3-86　使用指针查找字符串情况一

图 3-87　使用指针查找字符串情况二

实验项目 11　函数的定义和调用

一、实验目的

(1) 理解函数的作用及程序中使用函数的意义。

(2) 掌握 C 语言程序中函数定义的一般格式。

(3) 区别有返回值函数与无返回值函数调用的不同方式。

(4) 掌握函数实参与形参的对应关系及"值传递"的方式。

(5) 区分函数原型声明与函数定义的区别。

二、实验要求

(1) 了解标准库函数与用户自定义函数及其使用。

(2) 熟悉函数的定义和调用方法。

(3) 明确函数的实参与形参的对应关系。

三、实验内容

1. 验证性实验

(1) 定义一个函数 int prime(int n),其功能是判断一个整数是不是素数。当 n 为素数时,函数返回值为 1,否则返回值为 0。在 main 函数中输入一个整数,调用 prime 函数,输出该整数是否为素数的信息。

实验步骤

① 定义函数 int prime(int n),判断 n 是否为素数,若是,函数返回值为 1,否则返回 0。

② 编写 main 函数,输入一个整数,调用①中的函数 prime,判断此整数是否为素数,并输出结果。

③ 对于多函数程序,可以每个函数独立进行编辑、编译,如果编译有错,可分别修改,最后再合并,这样便于调试。

程序代码如下:

```
/* 实验 11_1.C */
# include < stdio.h >
int main()
{
    int prime(int n);                    /* 第 5 行 */
    int n;
```

```
    printf("Input an integer:\n ");
    scanf(" % d",&n);
    if (prime(n))                                      / * 第 9 行 * /
        printf("\n % d is a prime.\n",n);
    else
        printf(" % d is not a prime.\n",n);
    return 0;
}
int prime( int n)
{
    int flag = 1, i;
    for( i = 2; i < = n/2 && flag; i++)
      if( n % i == 0) flag = 0;
    return(flag);
}
```

程序的运行结果如图 3-88 所示。

| (a) 不是素数 | (b) 是素数 |

图 3-88　判断输入的整数是否为素数

思考：

① 程序中第 5 行语句"int prime(int n);"起什么作用？是否可以省略？

② 程序第 9 行 if 语句的表达式为什么是 prime(n)？还有其他的表示方法吗？

③ 函数 int prime(int n)的定义中，变量 flag 起什么作用？若删除变量 flag，如何修改程序，使其得到相同的结果？

（2）统计一个整数中某数字出现的次数。输入一个正整数 repeat（0＜repeat＜10），做 repeat 次如下运算：输入一个整数，统计并输出该数中数字 2 的个数。

要求定义并调用函数 int countdigit(long number, int digit)，它的功能是统计整数 number 中数字 digit 的个数。例如：countdigit(10090,0)的函数值是 3，countdigit(34567, 2)的函数值是 0。

实验步骤

① 定义函数 int countdigit(long number, int digit)。利用单循环结构，将整数 number 中的数字逐个求出，并与数字 digit 进行比较，若相等，则统计计数。

② 编写 main 函数，输入 repeat 的值（明确统计操作的次数），做 repeat 次如下操作：输入一个整数，调用函数 int countdigit(long number, int digit)，统计该整数中数字 2 出现的次数，并输出结果。

③ 根据题意，main 函数调用 countdigit 函数时，形式参数 digit 对应的实参固定为 2。

程序代码如下：

```
/ * 实验 11_2.C * /
# include < stdio. h >
int countdigit(long number, int digit)
{
```

```
        int num,count = 0;
        number = number < 0? - number:number;              /* 第 6 行 */
        while(number){                                       /* 第 7 行 */
            num = number % 10;
            if(num == digit) count++;
            number/ = 10;
        }                                                    /* 第 11 行  */
        return count;
    }
    int main()
    {
        int i,repeat;
        int count;
        long in;
        printf("Input repeat:\n");
        scanf(" % d",&repeat);
        for(i = 1;i < = repeat;i++){
            printf("Input a number:\n");
            scanf(" % ld",&in);
            count = countdigit(in,2);
            printf("count = % d\n",count);
        }
        return 0;
    }
```

程序的运行结果如图 3-89 所示。

思考：

① 程序的第 6 行语句起什么作用？

② 程序的第 7 行语句中 while(number)表示什么意义？还可以写成怎样的形式？

③ 第 7 行至第 11 行的程序段实现了什么功能？举例说明其实现步骤。

2. 设计性实验

图 3-89　统计一个整数中数字 2 的个数

（1）编写程序，输入三角形的三边长 a、b、c，求三角形面积 area。具体要求如下。

① 定义函数 area(a,b,c)，给定三角形的三条边长，求三角形的面积。

② 定义 main 函数，输入三角形的边 a、b、c，判定能否构成三角形，若能构成三角形，则调用函数 area 求取三角形面积并输出；否则输出"不能构成三角形！"的提示语句。

例如：

输入：3.1,4.2,5.3

输出：area＝6.51

输入：1.1,2.2,3.3

输出：不能构成三角形！

实验提示

① 三角形面积的计算公式为 area＝$\sqrt{s(s-a)(s-b)(s-c)}$，其中，a、b、c 分别为三角形的三边长，s＝$\dfrac{a+b+c}{2}$。程序中需要使用求平方根的函数 sqrt()。

② 根据题意,函数 area() 的返回值类型和其三个形式参数的数据类型定义为实型。

③ main 函数中,根据 area 函数的定义,明确其调用的形式,及其所提供的实际参数。

（2）对实数 x 和整数 n,编写函数 expon 求 x^n,函数的返回值类型为 double。在 main 函数中输入实数 x 和整数 n 的值,调用函数 expon 求实数 x 的 n 次方的值,并输出计算结果（保留 3 位小数）。例如：

输入：2.1,3

输出：9.261

输入：2,−3

输出：0.125

实验提示

① 根据题意,函数 expon 的原型为 double expon(double x,int n)。

② 实数 x 的 $n(n>0)$ 次方,即 x＊x＊…＊x(n 个 x 相乘),利用循环语句即可求得该值。

③ 当 n<0 时,x^n 为 1/(x＊x＊…＊x)(−n 个 x 相乘)。

④ 定义函数 main(),输入实数 x 和整数 n 的值,调用函数 expon 求得 x^n,输出结果。

（3）程序填空。计算代数多项式 $1.1+2.2x+3.3x^2+4.4x^3+5.5x^4+6.6x^6+7.7x^7+8.8x^8+9.9x^9$ 的值,要求采用循环语句求和。例如：

输入：1.5

输出：596.43

```
/* 实验 11_5.C */
#include <stdio.h>
double poly(double);
int main()
{
    double x,y;
    scanf("%lf",&x);
    /* --- 请填上适当的语句 ------ */
    printf("%.2f\n",y);
    return 0;
}
/* --- 请填上适当的语句 ------ */
```

实验提示

① 定义 poly 函数,其功能是求多项式的值。

② 分析多项式的特点,采用循环语句求和。

③ main 函数调用 poly 函数得到求和结果。

3. 提高性实验

编写程序,N 名裁判给某歌手打分（假定分数都为整数）。评分原则是去掉一个最高分,去掉一个最低分,剩下的分数取平均值为歌手的最终得分。裁判给分的范围是：60≤分数≤100,裁判人数 N＝10。要求：每个裁判的分数由键盘输入。例如：

输入：89 90 92 95 90 93 88 92 93 91

输出：91.25

解题思路

① 根据题意,需要求最高分和最低分,所以可以定义以下两个函数。

· max():返回两个数中较大的值。

· min():返回两个数中较小的值。

② 在 main 函数中。

· 定义两个整型变量并赋初值 maxscore=0,minscore=100,分别用于存放 N 个数中的最大值和最小值。

· 定义整型变量并赋初值 sum=0,用于求累加和。

· 采用循环结构,逐个输入每位裁判的分数,并随时记录输入过程中的最大值 maxscore 和最小值 minscore 及累加值 sum。

· 输出(sum-maxscore-minscore)/(N−2)的值。

实验项目 12 函数的嵌套调用与递归函数

一、实验目的

(1) 进一步掌握函数的定义和调用。

(2) 深入理解函数的形参和实参的概念。

(3) 掌握函数嵌套调用的方法。

(4) 掌握函数递归调用的方法。

二、实验要求

(1) 熟悉函数调用的方法。

(2) 熟悉函数调用时形参和实参的一致性对应关系。

(3) 理解递归的概念。

(4) 掌握用递归方法解决问题。

三、实验内容

1. 验证性实验

(1) 按下面要求编写程序。

① 定义函数 int total(m)计算 1+2+3+⋯+m 的值。

② 定义函数 main(),输入正整数 n,计算并输出下列算式的值。要求调用函数 total 计算 1+2+3+⋯+n 的值。

$$s=1+\frac{1}{1+2}+\frac{1}{1+2+3}+\cdots+\frac{1}{1+2+3+\cdots+n}$$

实验步骤

① 根据题意,total 函数的原型为 int total(int m)。

② 在 total 函数体内,使用循环语句计算表达式 1+2+3+⋯+m 的值,并将求和得到的值返回给函数 total。

③ main 函数中输入正整数 n 的值,使用循环语句计算算式的值。算式累加和的通项式表示为 $\dfrac{1}{1+2+3+\cdots+k}$,其中 k 的取值范围为 1~n。

程序代码如下:

```
/* 实验 12_1.C */
# include < stdio.h >
int total( int m);                    /* 第 3 行 */
int main()
{
    int k,n;
    double s = 0;                     /* 第 7 行 */
    printf("Input n:\n");
    scanf(" % d",&n);
    for(k = 1;k < = n;k++)
        s += 1.0/total(k);      /* 第 11 行 */
    printf("s = % .2lf\n",s);
    return 0;
}
int total( int m)
{
    int i, sum = 0;
    for(i = 1;i < = m;i++)
        sum += i;
    return sum;
}
```

程序的运行结果如下。

```
输入:6
输出:s = 1.71
输入:16
输出:s = 1.88
```

思考:

① 程序中的第 3 行语句起什么作用? 还可以写在什么位置? 什么情况下可以省略?

② 程序中的第 7 行语句是否可以改写为“int s=0;”? 为什么?

③ 程序中的第 11 行语句是否可以改写为“s=s+1/total(k);”? 为什么?

(2) 求 Fibonacci(斐波那契)数列前 20 项的值。

要求:用递归法,定义函数 int fib(int k),求 Fibonacci 数列第 k 项的值。Fibonacci 数列又称黄金分割数列,指的是这样一个数列:1,1,2,3,5,8,13,21,…,即第一项和第二项的值为 1,从第三项开始,以后每一项的值为其前两项之和。

实验步骤

① 在数学上,斐波那契数列以如下递归的方法定义:F0=0,F1=1,F(n)=F(n-1)+F(n-2)(n≥2)。利用递归式即可定义递归函数 int fib(int k);

② 定义 main 函数,使用循环语句调用函数 int fib(int k)逐项求得 Fibonacci 数列的前 20 项的值,并输出结果。

程序代码如下:

```
/* 实验 12_2.C */
```

```c
#include <stdio.h>
int fib(int k);
int main()
{
    int k, count = 0;
    for(k = 0; k < 20; k++)           /* 第7行 */
    {
        printf(" %5d", fib(k));
        count++;
        if(count % 5 == 0)printf("\n");
    }
    return 0;
}
int fib(int k)
{
    if(0 == k || 1 == k)
        return 1;
    else
        return fib(k - 2) + fib(k - 1);
}
```

程序的运行结果如图 3-90 所示。

思考：

① 程序中的第 7 行语句是否可以改写为 for
(k=1;k<=20;k++)？为什么？

② main 函数中的变量 count 起什么作用？

③ 若不用递归,函数 int fib(int k)如何实现
求 Fibonacci 数列第 k 项的值？

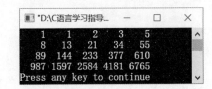

图 3-90 Fibonacci 数列前 20 项的值

2. 设计性实验

(1) 计算并输出下列算式的值。

$$s = 1 + \frac{1+2}{2!} + \frac{1+2+3}{3!} + \cdots + \frac{1+2+\cdots+n}{n!}$$

具体要求如下。

① 定义函数 fact(n),计算 n 的阶乘 n! = 1 * 2 * 3 * ⋯ * n,函数返回值类型是
double。

② 定义函数 cal(m,n),计算任意区间(m～n)内整数的累加和 s = m + (m+1) + ⋯ +
n,函数返回值类型是 double。

③ 定义函数 main(),输入正整数 n,计算并输出算式的值(保留两位小数)。算式中每
一项的分子是累加和,要求调用函数 cal(m,n),计算分子 1+2+⋯+n;每一项的分母是阶
乘,要求调用函数 fact(n)计算 n!。例如：

输入：3

输出：3.50

输入：10

输出：4.08

实验提示

① 函数 cal(m,n)的功能是计算累加和 m＋(m＋1)＋…＋n,其两个参数分别为求和数的下限和上限。

② 算式的求和通式为 $\dfrac{1+2+3+\cdots+k}{k!}$,其中 k 的取值范围是 1～n。求和时,每加一项,k 的值需要递增 1。

③ main 函数中调用函数 cal(m,n)计算分子的值,注意分子的算式求和总是从 1 开始的。

(2) 编写程序,输入 n 的值,求 s＝1!＋2!＋3!＋…＋n!。要求定义递归函数 fact(n)求 n!。例如:

输入:6

输出:873

输入:15

输出:1401602636313

实验提示

① 求 n! 的递归公式为

$$
fact(n)=\begin{cases}1 & (n=0\ \text{或}\ 1)\\ fact(n)=n\times fact(n-1) & (n>1)\end{cases}
$$

② 根据递归公式,定义递归函数 fact(n),用于计算 n!。

③ 定义 main 函数,输入 n 的值,用循环语句实现 i 为 1～n 的循环,核心计算公式为 s＝s＋fact(i)。

④ 注意程序中求和变量 s 的数据类型为 double 型。

(3) 编写程序,定义函数 DtoB(n),其功能是将一个十进制整数转换成二进制数。例如:

输入:25

输出:11001

实验提示

① 将一个十进制整数 n 转换为二进制数可以采用"除 2 取余"法,即 n 除以 2 取余数,再用商除 2 取余数,反复计算,直到被除数为 0 为止。

② 函数 DtoB(n)的原型为 void DtoB(int n),函数中可以定义一个 int 型数组,将 n 除 2 的余数逐个保存到数组中,然后逆序将数组元素的值逐个输出。也可以将函数 DtoB 定义成一个递归函数。

③ 在 main 函数中,输入 n 的值,然后调用函数 DtoB(n)输出 n 的二进制数形式。

3. 提高性实验

(1) 王小二自夸刀功不错。有人放一张煎饼在砧板上,问他:"饼不许离开砧板,切 100 刀最多可以分为多少块?"。例如:

输入:100

输出:切 100 刀最多可以分为 5051 块。

解题思路

① 令 q(n)为切 n 刀能将饼分为最多的块数,可以得到以下结果。

$q(1)=1+1=2$

$q(2)=1+1+2=4$

$q(3)=1+1+2+3=7$

$q(4)=1+1+2+3+4=11$

...

② 在切法上是让每两线都有交点。不难得出以下公式。

$$q(n)=q(n-1)+n \quad (n \geqslant 1)$$

$$q(0)=1 \quad (一刀都不切当然只有一块)$$

③ 采用循环结构,用递推法求解问题(或者定义递归函数)。

(2) 这是一个古典的数学问题:相传在古代印度的 Bramah 庙中,有位僧人整天把 3 根柱子上的金盘倒来倒去,原来他是想把 64 个一个比一个小的金盘从一根柱子上移到另一根柱子上去。移动过程中恪守下述规则:每次只允许移动一只金盘,且大盘不得落在小盘上面。假设 3 根柱子的编号分别为 A、B、C。利用递归算法,编写程序,描述将 A 上 4 个盘子移到 C 的操作步骤。

程序的运行结果如图 3-91 所示。

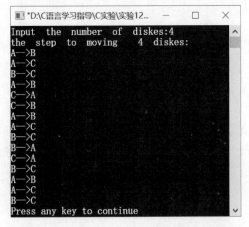

图 3-91　将 A 上 4 个盘子移到 C 的步骤

解题思路

有人会觉得这很简单,事实却恰恰相反。n 个盘子由 A 移到 C,需移动的次数是 2^n-1,64 个盘子移动的次数为 $2^{64}-1=18\,446\,744\,073\,709\,552\,000$ 次,一年的秒数是:$365 \times 24 \times 60 \times 60=31\,536\,000$ 秒,若 1 秒移 1 个盘子,则 $18\,446\,744\,073\,709\,552\,000 \div 31\,536\,000=584\,942\,417\,355$ 年,即 5849 亿年,从能源角度推算,太阳系寿命只有 150 亿年。

问题似乎一下变得很复杂,但换个角度考虑:如果有办法先将 63 个盘子按要求移到别的柱子上,那问题就容易解决了。只需做:

① 将 63 个盘子从 A 移动到 B。

② 将最底下的盘子从 A 移到 C。

③ 将 63 个盘子从 B 移到 C。

这样全部任务完成了。但是,有一个问题实际上未解决:如何将 63 个盘子从 A 移到 B 呢? 用类似的方法:

① 将 62 个盘子从 A 移动到 C。

② 将最底下的盘子从 A 移到 B。

③ 将 62 个盘子从 C 移到 B。

这就是递归方法。如此层层递归,直到最后完成将 1 个盘子从一根柱子移到另一根柱子,问题就解决。

综合以上分析,得到递归算法如下。

① 将 A 上 n−1 个盘子移动到 B(借助 C)。

② 将 A 上 1 个盘子移动到 C。

③ 将 B 上 n−1 个盘子移动到 C(借助 A)。

实验项目 13　变量的作用域与存储属性

一、实验目的

(1) 理解变量的作用域概念并掌握全局变量和局部变量的作用域特点。

(2) 掌握局部变量之间或全局变量和局部变量同名时的系统处理原则。

(3) 理解变量的生存期的概念。

(4) 掌握 4 种不同性质变量的存储特点及其使用特点。

二、实验要求

(1) 熟悉全局变量和局部变量的概念。

(2) 熟悉不同函数内部变量同名时的屏蔽原则。

(3) 了解变量的静态存储属性和动态存储属性。

(4) 掌握变量的生存期概念。

三、实验内容

1. 验证性实验

(1) 完成主教材实例 6-7 和实例 6-9,体会变量的作用域特点。

(2) 编写程序,用一维数组存放 n(n<30)个学生某课程的成绩,求最高分、最低分和平均分。具体要求如下。

① 编写函数 float average(int n),求最高分、最低分和平均分,函数返回值为平均分,最高分和最低分用相应的全局变量分别保存。

② 编写主函数,输入 n 的值,然后输入 n 个学生的成绩,调用函数 average 求最高分、最低分和平均分并输出(保留两位小数)。

实验步骤

① 定义一个全局数组 score,用于保存 10 个学生的成绩。

② 因为一个函数只能返回一个函数值。题中要求输出 3 个值(最高分、最低分和平均分),所以定义两个全局变量 max 和 min,分别用于保存最高分和最低分,平均分由函数 average 返回。

③ 在 main 函数中,输入整数 n 的值,用循环语句实现将 n 个学生的成绩保存到一维数

组 score 中,然后调用函数 average,输出最高分、最低分和平均分(保留两位小数)。

程序代码如下:

```c
/* 实验 13_1.C */
# include < stdio. h >
# define N 30
int score[N], max, min;                /* 第 4 行 */
float average(int n)
{
    int i;
    float aver, sum = score[0];
    max = min = score[0];
    for(i = 1; i < n; i++)
    {
        if(score[i] > max) max = score[i];
        else if(score[i] < min) min = score[i];
        sum = sum + score[i];
    }
    aver = sum/n;
    return(aver);
}
int main()
{
    float ave;
    int i, n;
    printf("Input n:\n");
    scanf("%d", &n);
    printf("Input %d scores:\n", n);
    for(i = 0; i < n; i++)
        scanf("%d", &score[i]);
    ave = average(n);
    printf("max = %d\nmin = %d\n", max, min);
    printf("ave = %.2f\n", ave);
    return 0;
}
```

程序的运行结果如图 3-92 所示。

思考:

① 将程序第 4 行中的 score[N] 改为 score[n],可以吗? 为什么?

② 将程序第 4 行中定义数组 score[N]移到 main 函数体内,可以吗? 为什么?

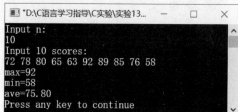

图 3-92　求最高分、最低分和平均分

③ 将第 4 行定义变量 max 和 min 的语句移到 average 函数体内,可以吗? 为什么?

(3) 阅读以下程序,并回答问题。

```c
/* 实验 13_2.C */
# include < stdio. h >
int k = 1;
void fun();
int main()
{
    int j;
```

```
        for(j = 0; j < 2; j++)
            fun();
        printf("k = % d", k);
        return 0;
    }
    void fun()
    {
        int k = 1;              /* 第14行 */
        printf("k = % d,", k);
        k++;
    }
```

问题：

① 程序的输出结果是什么？说明理由。

② 将程序的第 14 行改为"static int k＝1;"后，程序的输出结果是什么？说明理由。

③ 将程序的第 14 行改为"k＝1;"后，程序的输出结果是什么？说明理由。

④ 将程序的第 14 行改为";"后，程序的输出结果是什么？说明理由。

2. 设计性实验

(1) 程序填空。已知函数 void add()，在 main 函数中输入变量 n 的值，调用 add 函数，求 1＋2＋3＋…＋n 的值，并输出求和结果。例如：

```
输入:50
输出:Sum is 1275.
/* 实验 13_3.C */
# include < stdio.h >
void add();
int result;
int main()
{
    /* -- 请填上适当的语句 -- */
    return 0;
}
void add()
{
    static int num = 0;
    num++;
    result += num;
}
```

实验提示

① add 函数被调用一次，全局变量 result 就加一次变量 num 的值。因为 num 是静态局部变量，所以调用一次 add 函数，其值就增加 1。

② 利用这个特点，main 函数中只要循环调用 add 函数 n 次就可以计算得到结果。

(2) 程序填空。打印 2!, 4!, 6!, …, 20! 的值。要求在 fact 函数中不使用循环语句，利用静态局部变量的特点求得阶乘的值。

程序的运行结果如图 3-93 所示。

图 3-93　打印 2!, 4!, 6!, …, 20! 的值

实验项目

70

```
/* 实验 13_4.C */
#include <stdio.h>
double fact(int n);
int main()
{
    int i;
    for(i = 2; i <= 20; i += 2)
        printf("%d != %.0f\n", i, fact(i));
    return 0;
}
double fact(int n)
{
    /* ----- 请填上适当的语句 ----- */
}
```

实验提示

① 根据题意,相邻的两个阶乘值并非连续,如 2!与 4!。

② 若已知 2!的值,要求出 4!,需要在 2!的基础上再乘以 3 和 4,即计算阶乘值的表达式中需要乘以两个数。

③ 参考主教材实例 6-12 的源程序。

(3) 程序填空。求 Fibonacci(斐波那契)数列前 20 项的值(每行输出 4 个数,每个数占 5 位,行末无空格)。

```
/* 实验 13_5.C */
#include <stdio.h>
int f1 = 1,f2 = 1;
void fib();
int main()
{
    int i;
    for(i = 1; i <= 10; i++){
    /* ----- 请填上适当的语句 ----- */
    }
    return 0;
}
/* ----- 请填上适当的语句 ----- */
```

程序的运行结果如图 3-94 所示。

实验提示

① 在数学上,斐波那契数列有以下特点:$F0 = 0, F1 = 1, F(n) = F(n-1) + F(n-2)(n \geq 2)$,即第一项和第二项的值为 1,从第三项开始,它的值为其前两项的值之和。

② 在 fib 函数中,将两个全局变量 f1 和 f2 作为迭代变量,用迭代法计算出后面的数据,每次计算两项。

③ 在 mian 函数中,使用循环结构,每次循环输出两个 Fibonacci 数列的值。

3. 提高性实验

从键盘输入 n(0＜n＜11)个整数的值,先将这 n 个数原样输出,然后对其按从大到小的顺序进行排序后输出。具体要求如下。

① 定义函数 void input(),输入 n 个整数到一维数组。

② 定义函数 void sort( )，对 n 个数从大到小排序并输出。

③ 定义函数 void output( )，将 n 个整数输出。

④ 定义 main 函数，输入 n 的值，根据题意分别调用 input 函数、sort 函数和 output 函数进行必要的数据处理。

程序的运行结果如图 3-95 所示。

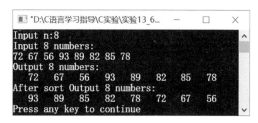

图 3-94　Fibonacci 数列前 20 项的值　　　　图 3-95　对 n 个数进行从大到小的排序

解题思路

① 因为要求定义的函数都是无参的，其共同的操作目标是 n 个整数，所以要定义全局变量 n 和全局数组用于保存 n 个整数。

② 用冒泡或选择排序法对数组中的 n 个数进行排序。

③ main 函数中调用 input 函数输入 n 个整数，调用 output 函数输出其原始值，然后调用 sort 函数对 n 个整数进行排序并输出（sort 函数调用 output 函数将排序后的数输出）。

实验项目 14　指针与函数

一、实验目的

（1）掌握以指针变量作为参数的函数的定义和调用。

（2）掌握数组作为参数时，函数的多种定义形式及其调用。

（3）掌握返回指针的函数的定义和调用。

（4）理解函数指针的概念。

（5）掌握使用函数指针调用函数的方法。

（6）了解 main 函数参数的使用。

二、实验要求

（1）复习指针及其使用特点。

（2）巩固指针和数组的相关知识。

（3）复习指针数组的使用。

（4）熟悉用指针对函数的引用。

（5）理解 main 函数参数的意义。

三、实验内容

1. 验证性实验

（1）完成教材实例 6-15 和实例 6-16，比较两个程序的差异。体会局部变量的特点，掌握用指针变量访问其所指对象的方法。

(2) 编写程序,定义一个函数,其功能是求一个字符串的长度。

实验步骤

① 定义函数 int strlength(char *),其功能是求字符串的长度。

② 在 main 函数中输入一个字符串,调用函数 int strlength(char *) 求该字符串的长度。

③ 输出计算结果。

程序代码如下:

```c
/* 实验 14_1.C */
# include <stdio.h>
int main()
{
    int strlength(char * );
    int len;
    char str[30];
    printf("Input a string: \n");
    gets(str);                         /* 第 9 行 */
    len = strlength(str);              /* 第 10 行 */
    printf("The length of string is %d \n",len);
    return 0;
}
int strlength(char * p)
{
    int n;
    n = 0;
    while( * p!= '\0'){
        n++;
        p++;
    }
    return n;
}
```

程序的运行结果如图 3-96 所示。

思考:

① 将程序中的第 9 行语句改为"scanf("%s", str);",运行程序,分析结果。

② 将程序中的第 10 行语句改为"len = strlength(str[30]);",可以吗? 为什么?

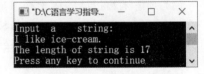

图 3-96　求字符串的长度

③ 程序执行过程中,形参变量 p 与实参数组 str 之间有什么关系?

(3) 编写程序,定义函数 double poly(double * ,double),计算多项式 $a_0 + a_1\sin x + a_2\sin x^2 + a_3\sin x^3 + \cdots + a_9\sin x^9$ 的值。

实验步骤

① 定义函数 double poly(double * ,double),其功能是求多项式的值。

② 在 main 函数中:

• 将多项式各项系数保存到一维数组 a 中。

• 输入 x 的值。

- 调用函数 double poly(double * ,double) 求多项式的值。
- 输出计算结果。

程序代码如下：

```
/* 实验 14_2.C */
#include <stdio.h>
#include <math.h>
double poly(double * p,double x)
{
    double sum,t = 1;
    int i;
    sum = * p;                    /* 第8行 */
    p++;
    for(i = 1;i < 10;i++,p++){
        t * = x;
        sum += ( * p) * sin(t);
    }
    return sum;
}
int main()
{
    double x,y;
    double a[10] = {1.2, - 1.4, - 4.0,1.1,2.1, - 1.1,3.0, - 5.3,6.5, - 0.9};
    printf("Input x:\n");
    scanf("%lf",&x);
    y = poly(a,x);                /* 第23行 */
    printf("%.2f\n",y);
    return 0;
}
```

程序的运行结果如图 3-97 所示。

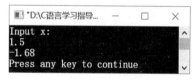

图 3-97　求多项式的值

思考：

① 程序第 8 行中的 * p 的值是什么？

② 将程序中的第 23 行改为"y = poly(&a,x);"，可以吗？为什么？

③ 将程序中的第 23 行改为"y = poly(a[10],x);"，可以吗？为什么？

2. 设计性实验

(1) 编写程序，输入 n(0<n<11)个学生的英语成绩，输出大于平均分的成绩。具体要求如下。

① 定义函数 void aboveAve(int score[ ],int n)，求 n 个整数的平均值，并输出大于平均值的数。

② 定义 main 函数，输入 n 的值，将 n 个整数输入一个一维数组中，调用 aboveAve 函数，输出大于平均分的值。例如：

输入：6(n 的值)

　　67　78　56　89　92　75

输出：78　89　92

实验提示

① 在 main 函数中将 n 个整数输入一个一维数组中,要将该数组中的所有元素传递给 aboveAve 函数,所以要以数组名作为实参。

② aboveAve 函数中首先要求出 n 个数的平均值,然后再利用循环结构,将数组中的元素逐个与平均值比较大小,若大于平均值,则输出,否则不进行处理。

(2) 程序填空。定义函数 int search(int list[],int n,int x),在有 n 个元素的整型数组 list 中查找元素 x,若找到则返回数组元素的下标,否则返回 -1。在 main 函数中输入 n 的值,将 n 个整数输入数组 a 中,然后输入 x 的值,调用 search 函数并输出函数值。

程序的运行结果如图 3-98 所示。

(a) 查找成功　　　　　　　　(b) 查找失败

图 3-98　在 n 个数中查找 x

```c
/* 实验 14_4.C */
#include<stdio.h>
int search(int list[],int n,int x);
int main()
{
    int i, n,x, a[10], res;
    printf("Input n:\n");
    scanf("%d", &n);
    printf("Input %d numbers:\n",n);
    for(i=0; i<n; i++)
      scanf("%d", &a[i]);
    printf("Input x:\n");
    scanf("%d", &x);
    res = search(a, n, x);
    printf("%d\n", res);
    return 0;
}
/* ----- 请填上适当的语句 ----- */
```

实验提示

① 在数组 list 中查找元素 x 可以用单循环,采用顺序查找的方法实现。

② 注意控制循环语句的执行。

3. 提高性实验

(1) 编写程序,定义函数 char * substrcpy(char * str1,int m,char * str2),其功能是将字符串 str1 中第 m 个字符开始的所有字符复制成一个新的字符串 str2,函数 substrcpy 返回新字符串的首地址。若 m 大于字符串的长度,则函数返回 NULL。

程序的运行结果如图 3-99 所示。

(a) 输入有效m值   (b) 输入无效m值

图 3-99　求字符串的子串

解题思路

① 在函数 char * substrcpy(char * str1,int m,char * str2)中先求字符串 str1 的长度 len,然后与变量 m 的值比较,若 len<m,则函数返回值为 NULL,否则求新字符串,并将新字符串的首地址返回给函数。

② 在主函数中:

- 将字符串输入一维字符数组中,再输入 m 的值。
- 调用 substrcpy 函数得到新的字符串。
- 输出新字符串。

（2）编写程序,求两个整数的较大值,要求用命令方式运行该程序,两个整数在命令行中输入。程序的运行结果如图 3-100 所示。

图 3-100　用命令行方式求两个整数的较大值

解题思路

① 根据题意,程序需要带参数的 main 函数。

② 命令行由 3 个字符串（可执行文件名"d:\ex14_6"和两个整数的值 28、90）组成,执行 main 时,参数 argc 的初值为 3,指针数组 argv 的 3 个元素分别保存 3 个字符串的首地址。

③ 因为命令行中输入的两个整数是以字符串的形式保存的,要比较整数的大小还需要将字符串转换成整数。可以考虑使用将字符串转换为整数的系统函数 atoi,该函数原型为 int atoi(char * str),程序中需要包含头文件 stdlib.h。

实验项目 15　结构体应用

一、实验目的

（1）掌握结构体类型的定义,结构体类型变量的说明,以及成员的引用方法。

（2）掌握结构体类型数组的概念和应用。

（3）掌握结构体指针变量的概念和应用。

（4）掌握单链表的概念和基本操作。

二、实验要求

(1) 熟悉结构体的概念和应用。

(2) 了解结构体变量的定义与引用。

(3) 了解结构体数组的定义与使用。

(4) 理解结构体指针变量的定义与使用。

(5) 熟悉单链表的基本操作与综合应用。

三、实验内容

1. 验证性实验

(1) 输入一位同学某门课程考试的相关信息，包括学号、姓名、性别和某门课程的成绩。

实验步骤

① 声明一个结构体类型，包含学号、姓名、性别和成绩四个成员项。

② 编写 main 函数，用步骤①中声明的结构体类型定义一个结构体变量和一个指向这种结构体类型的指针变量，给 4 个成员项赋值并输出。

程序代码如下：

```
# include < stdio. h >
# include < string. h >
struct exam                    /* 第 3 行 */
{    long num;
     char name[10];
     char sex;
     float score;
};
int main()
{
     struct exam stud1, * p;
     char ch;
     p = &stud1;                /* 第 12 行 */
     stud1. num = 200701;
     strcpy(stud1. name, "wang");
     ch = getchar();
     stud1. sex = ch;
     ( * p). score = 543;        /* 第 17 行 */
     printf("% ld, % c, % .2f, % s\n", p -> num, p -> sex, p -> score, p -> name);
     return 0;
}
```

程序的运行结果如图 3-101 所示。

图 3-101　结构体变量的定义和表示

思考：

① 程序第 3 行定义的结构体类型的名字是什么？

② 程序中的第 12 行语句"p=&stud1;"起什么作用？是否可以省略？

③ 程序中的第 17 行语句"(*p).score=543;"中 *p 两侧的括号能不能省略？访问结构中的成员有哪几种方法？具体在本程序中哪些语句中体现？

（2）程序填空题。完善下列程序段，以 sum 成员项为准实现结构体数组的排序。

```c
#include<stdio.h>
int main()
{
    struct student
    {
        char name[20];
        int num;
        float math;
        float eng;
        float cuit;
        float sum;
    }stu[4];
    struct student temp;
    int i,j,k;
    for(i=0;i<4;i++)
    {
        printf("input %d name = ",i);
        gets(stu[i].name);
        printf("input %d num,math,eng,cuit = ",i);
        scanf("%d%f%f%f",&stu[i].num,&stu[i].math,
            &stu[i].eng,&stu[i].cuit);
        getchar();
        stu[i].sum = stu[i].math + stu[i].eng + stu[i].cuit;
    }
    for(i=0;i<3;i++)
    {
        k = i;
        for(j=i+1;j<4;j++)
            if(    i    ) k = j;
        if(k!= i)

        {
            temp =     ii     ;
                   iii     ;
               iv      = temp;
        }
    }
    printf(" 姓名        学号      数学      英语      语文      总分    \n");
    for(i=0;i<4;i++)
    {
        printf(" %-10s%d%8.2f%8.2f%8.2f%8.2f\n",
            stu[i].name,stu[i].num,stu[i].math,
            stu[i].eng,stu[i].cuit,stu[i].sum);
    }
    return 0;
}
```

实验提示

① 目前已学到的排序算法有冒泡法和选择法。冒泡法的思路是：将相邻的两个数比较，将小的数调到前头。选择法的思路是：每一趟选出一个最小的数，并和当前位置第一的

数交换。此题中用的是选择法，以 sum 成员项为准实现排序，则：

(i)　stu[j].sum < stu[k].sum

② ANSI C 标准允许相同类型的结构体变量相互赋值，题中要实现两个结构体变量的整体交换，则：

(ii)　stu[i]

(iii)　stu[i] = stu[k]

(iv)　stu[k]

实验运行的结果如图 3-102 所示。

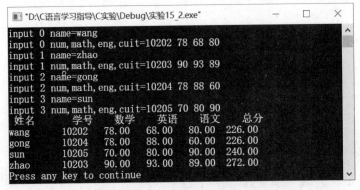

图 3-102　结构体数组的排序

2. 设计性实验

(1) 定义一个包括 5 个学生信息的结构体数组，每个学生包括学号、姓名和总分。输入一个学生的学号，在该结构体数组中查找该学号，如果找到，则输出该学生的姓名和总分；如果找不到，则输出显示"Not Found!"。

实验提示

查找的过程是将用户输入的学号和结构体数组中的学号成员项中的内容逐个比对，如果找到，则循环提前结束；若找不到，则循环正常结束（也就是说，一直找到数组中的最后一个元素都没有符合的信息）。为了区分循环究竟是提前结束还是正常结束，引入标志量 flag，flag＝1 表示找到，则循环提前结束；flag＝0 表示没有找到。

实验运行的结果分别如图 3-103 和图 3-104 所示。

图 3-103　找到时的实验运行结果

图 3-104　未找到时的实验运行结果

（2）有 10 个学生，每个学生的数据包括学号、姓名、数学、物理和化学 3 门课程的成绩。从键盘输入 10 个学生的数据，具体要求如下。

① 输出数学最低分的学生的数据（包括学号、姓名、3 门课程成绩）。

② 求出每个学生的平均成绩，并按平均成绩由高到低排序。

实验提示

① 要求输出数学最低分的学生的数据，归结为求极值问题。解决此类问题的方法是：假定第一个数组元素的值是最小的，用 min 记录其下标，即 min＝0。然后利用循环在数组中进行查找，若当前元素的成绩项的值大于假定的成绩项的值（即 stu[i].math＜stu[min].math），则当前最大的值的下标应修改为 min＝i。当循环结束后，min 记录的即为数组中数学最低分的下标。

② 要求按平均成绩由高到低排序，可采用冒泡法或选择法。

实验的运行结果如图 3-105 所示。

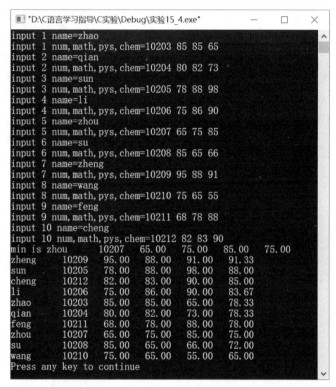

图 3-105　排序和求数学最低分

（3）创建一个学生信息单链表，学生信息包括学生学号和成绩。创建结束后将所有的学生信息输出。要求按指定的长度创建单链表。

实验提示

先输入单链表的长度 n，再用头插法或尾插法创建一个单链表。最后将创建的单链表输出。

头插法的具体生成过程如下。

① 建立一个"空"链表。

② 输入数据元素 a_n，建立结点并插入在表头。

③ 输入数据元素 a_{n-1}，建立结点并插入在表头。

④ 以此类推，直至输入 a_1 为止。

注意：所谓头插法指的是建立的新结点插入在表头位置，即插入点在头结点的后面。因此如果要建立一个顺序为 $a_1, a_2, \cdots, a_{n-1}, a_n$ 的序列，需要逆序输入 n 个数据元素的值。

尾插法的具体生成过程如下。

① 建立一个"空"链表。

② 输入数据元素 a_1，建立结点并插入在表尾。

③ 输入数据元素 a_2，建立结点并插入在表尾。

④ 以此类推，直至输入 a_n 为止。

⑤ 循环结束，将 a_n 结点的指针域设置为"空"。

注意：所谓尾插法，指的是始终在链表的尾部插入，因此引用尾指针的概念。程序中 q 即为尾指针，它始终指向当前链表中最后一个结点的位置。在循环结束后要将最后一个结点的指针域赋值设置为"空"（q→next＝NULL）。如果要建立一个顺序为 $a_1, a_2, \cdots, a_{n-1}, a_n$ 的序列，顺序输入 n 个数据元素的值即可。

实验运行结果如图 3-106 所示。

3. 提高性实验

（1）编写程序，实现对带头结点的单链表进行就地逆置的操作。

图 3-106　用尾插法创建一个单链表

解题思路

① 首先利用头插法或尾插法创建一个单链表，并输出。

② 单链表的逆置操作是单链表中较典型的应用。要将单链表中的结点逆置存放，可以借助用头插法建立单链表的思想。因为用头插法建立的单链表的结点顺序与读入的数据元素值的顺序正好相反。具体的逆置过程是：先将头结点的指针域设置为"空"，形成一个空链表，再将原链表中的结点依次插入头结点的后面，直到所有的结点都插入为止，则实现了链表逆置。

说明：在算法的实现过程中，特别要注意在将原链表中的某个结点插入新形成的链表中之前，一定要记录它的后继结点。为此在算法中需引进两个指针，假设为 p 和 q，p 指向原单链表中待插入的结点，而 q 则指向 p 的后继。p 的初始值是指向单链表的第一个结点。

实验运行的结果如图 3-107 所示。

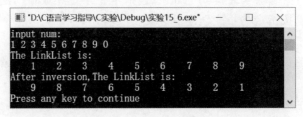

图 3-107　单链表的逆置

(2) 已知两个一元多项式 A(x)和 B(x)，编程实现两个一元多项式的加法运算，即 A(x)＝A(x)＋B(x)。具体要求如下。

① 分别输入两个多项式的项数及各项的系数和指数，创建两个多项式。

② 对两个多项式求和，并输出求和后的多项式。

③ 程序的输入与输出严格按要求设计。效果如图 3-108 所示。

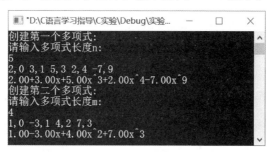

图 3-108　创建多项式输入示例

解题思路

① 根据示例的要求，多项式按升幂的形式输入和输出。

② 多项式如何存放？如果只是将各项的系数采用数组的形式存放，当多项式阶数很高，且相邻之间的阶数相差很大时，会造成大量存储空间的浪费。例如：$A(x)＝8＋4x^{1002}－3x^{20003}$，这个多项式按上述方式存放时，需要一个长度为 20004 的数组，且数组中只有 3 项是非 0 元素。为了避免这种情况，可以采用只存储非 0 项，且在存储非 0 项系数的同时存储非 0 项的指数。同时，因为两个多项式的长度和其中的阶数都有可能不同，因此用带头结点的单链表方式实现。

定义一个结构体类型：

```
struct PolyNode{              /*项的表示*/
    float coef;               /*系数*/
    int expn;                 /*指数*/
    struct PolyNode * next;
}
```

为了描述得简洁，利用 typedef 语句有以下定义：

```
typedef struct PolyNode{              /*项的表示*/
    float coef;                       /*系数*/
    int expn;                         /*指数*/
    struct PolyNode * next;
  } PolyNode , * PolyNomial;
```

说明：

① PolyNode 为结点类型，PolyNomial 为指向 PolyNode 结点类型的指针类型。即 PolyNomial p 等价于 PolyNode * p。

② 结点类型的存储结构如图 3-109 所示。

图 3-109　结点类型的存储结构

如果 $A(x)＝2＋3x＋5x^3＋2x^4－7x^9$，$B(x)＝1－3x＋4x^2＋7x^3$，则它们的链式存储结构如图 3-110 所示，其中的"∧"代表空指针域。

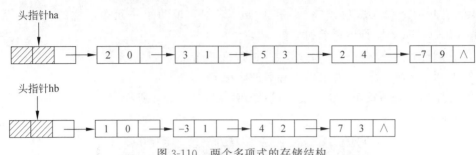

图 3-110　两个多项式的存储结构

③ 图 3-110 中的多项式链表的创建可以用头插法或尾插法实现。

④ 多项式相加的结果如图 3-111 所示，其中的"×"标志的结点是相加后被删除的结点。

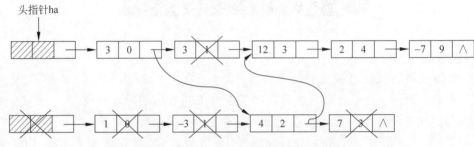

图 3-111　两个多项式相加后的结果

程序运行的结果分别如图 3-112（相加结果非空）和图 3-113（相加结果为空）所示。

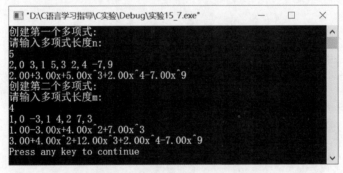

图 3-112　多项式求和（相加结果非空）

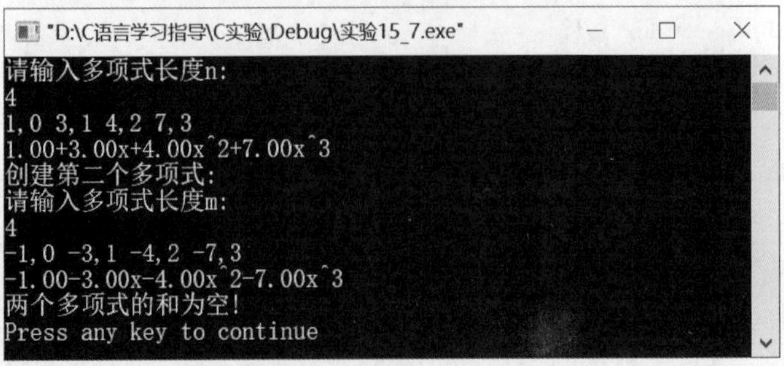

图 3-113　多项式求和（相加结果为空）

实验项目 16　文件及应用

一、实验目的

（1）理解文件和文件指针的概念。
（2）掌握文件的打开、关闭以及文件的读写操作。
（3）了解数据文件在程序中的应用。

二、实验要求

（1）预习数据流文件与程序文件的区别。
（2）熟悉各种文件读写函数的使用。
（3）预习数据流文件操作的特点。

三、实验内容

1. 验证性实验

新建一个磁盘文件 ex16_1.dat，从键盘输入一个字符串，将其中的小写字母全部转换成大写字母写入到该文件中（要求写入文件的同时将结果显示在屏幕上）。

实验步骤

① 以写的方式打开文件 ex16_1.dat。
② 从键盘输入一个字符串。
③ 用单循环结构，将字符串中所有的小写字母转换成大写字母，并写入到该文件中。
④ 关闭文件。

程序代码如下：

```c
/* 实验 16_1.C */
#include <stdio.h>
#include <stdlib.h>
int main()
{
    FILE *fp;                               /* 第6行 */
    char str[80];
    int i = 0;
    if((fp = fopen("ex16_1.dat", "w")) == NULL){    /* 打开文件 */
        printf("Can not open the file\n");
        exit(1);
    }
    printf("Input a string: \n");
    gets(str);
    printf("The string in file is: \n");
    while(str[i]!= '\0'){
        if(str[i]>= 'a'&&str[i]<= 'z')
            str[i] = str[i] - 32;
        putchar(str[i]);
        fputc(str[i],fp);                   /* 第20行 */
        i++;
```

```
        }
        putchar('\n');
        fclose(fp);
        return 0;
    }
```

程序的运行结果如图 3-114 所示。

思考：

① 将程序中的第 6 行改为"file * fp;"可以吗？为什么？

② 第 20 行语句的功能是用 fputc 函数将一个字符写入文件中。若改用 fprintf 函数，如何修改语句？

图 3-114　字符串写入文件

2. 设计性实验

(1) 完成以下功能：f(x,y)=(3.14 * x－y)/(x＋y)，若 x、y 取值为区间[1,6]的整数，找出使 f(x,y)取最小值的 x1、y1，并将 x1、y1 以格式"％d,％d"写入到文件 design.dat 中（要求写入文件的同时将结果显示在屏幕上）。

程序的运行结果：

文件 design.dat 中的内容为:1,6
显示屏幕上输出:1,6

实验提示

① 定义一个函数求表达式(3.14 * x－y)/(x＋y)的值,函数原型为：double f(int x,int y)。

② 利用双重循环结构求 f(x,y) 取最小值的 x1、y1。

③ 对文件 design.dat 的操作过程参考实验 16_1.c 的内容。

(2) 新建一个含有字符'＄'的 data.txt 文本文件,统计文本文件 data.txt 中字符'＄'出现的次数,并将统计结果写入文件 result.txt 中。

例如：

文件 data.txt 中的内容为：books 15 ＄,pens 20 ＄,pencils 10 ＄,bags 35 ＄.

文件 result.txt 中的内容为：字符'＄'出现 4 次。

实验提示

① 利用记事本创建文本文件 data.txt。

② 利用单循环结构,使用 fgetc 函数将文件 data.txt 中的字符逐个读出,并统计字符'＄'的个数。使用 fprintf 函数将结果写入文件 result.txt 中。

③ 注意：无论文件 data.txt 还是文件 result.txt,对文件进行读写操作前都需要先打开文件,操作结束后关闭文件。

(3) 在文件 string.txt 中输入一个字符串,将组成字符串的所有非英文字母的字符删除,将该字符串保存到文件 letter.txt 中（要求写入文件的同时将结果显示在屏幕上）。

例如：

文件 string.txt 中的内容为：a＋5x－siny＋b

文件 letter.txt 中的内容为：axsinyb

实验提示

① 利用记事本创建文本文件 string.txt。

② 使用 fgets 函数将文件 string.txt 中的字符串读出,保存到一个一维字符数组中。用单循环结构,将字符串中的非英文字母的字符删除。

③ 用 fputs 函数将字符串写入文件 letter.txt 中。

④ 注意:文件 string.txt 需要以读的方式打开,文件 letter.txt 需要以写的方式打开,操作结束后要关闭文件。

3. 提高性实验

从文件 stud.dat 中输入 5 位学生的信息,包括学号、姓名和三门课程成绩。计算每个学生的平均成绩。将每个学生的信息(学号、姓名、三门课程成绩和平均分)保存到磁盘文件 stud_info.dat 中(要求写入文件的同时将结果显示在屏幕上)。

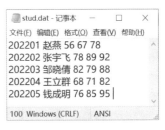

图 3-115   学生基本信息

文件 stud.dat 中的内容如图 3-115 所示,程序的运行结果如图 3-116 所示。

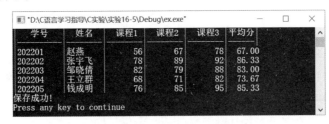

图 3-116   学生成绩的管理

解题思路

① 根据题意,考虑构造结构体类型 struct student,有 4 个成员项,分别为学号、姓名、三门课程成绩(一维数组)和平均成绩,并定义结构体数组。

② 利用单循环结构输入学生的信息。

③ 利用单循环结构计算学生的平均分(也可以在②中输入成绩后就计算平均分)。

④ 建议使用 fwrite 函数将数据保存到文件 stud_info.dat 中,注意打开文件时文件操作方式的选择。

⑤ 建议分别定义多个函数完成程序。

实验项目 17   C 语言程序综合应用

一、实验目的

(1) 加深对 C 语言程序设计基本理论和基本知识的理解。

(2) 深入理解结构化和模块化程序设计思想。

(3) 把所学的理论知识与实践相结合,提高用计算机解决实际问题的能力。

(4) 培养逻辑思维能力、团队合作精神、实际动手能力和创新能力。

二、实验要求

(1) 具备一定的 C 语言程序设计基础。

(2) 确定所选课题的功能模块,详细描述各模块的具体内容。

(3) 认真分析设计过程中涉及的算法,用流程图描述算法。

(4) 熟练掌握程序调试的方法和步骤。

三、实验内容

1. 学生档案管理

(1) 题目描述。

编写一个程序,管理学生的档案,系统能实现以下功能。

① 输入信息:首先输入记录数,然后逐条输入学生的基本信息。

② 修改信息:根据学号对学生的基本信息进行修改。

③ 增加信息:添加新学生的基本信息。

④ 插入信息:在指定位置插入一个学生的信息。

⑤ 删除信息:根据学号或姓名删除指定学生的信息。

⑥ 查询:根据学号或姓名查询某个学生的信息;根据学号区间段查询某些学生的信息。

⑦ 排序:选择根据学号进行升序或按性别进行降序排序,并显示排序后的结果。

⑧ 统计:根据性别统计男、女生比例;根据家庭地址统计各省份生源数。

⑨ 输出:输出所有学生信息或查询学生信息的结果。

⑩ 保存:将所有学生信息保存到文件 student.dat 中。

(2) 设计提示。

① 先确定学生档案管理的数据结构。如每个学生的信息包括学号、姓名、性别、出生日期、家庭地址等,每个数据项各用什么数据类型。

② 划分实现学生档案管理的功能模块,如主菜单、输入数据、修改、增加、插入、删除、查询、排序和输出等功能,并确定各功能模块的实现算法。

2. 选票统计

(1) 题目描述。

从 100 名优秀运动员中评选出 10 名最佳运动员,具体规则如下。

① 运动员号按 1,2,3,… 顺序编号。

② 由键盘接受所收到的选票,每张选票至多可写 10 个不同的编号。

③ 对应名次的运动员编号可以有空缺,但必须用 0 表示。

④ 若选票中编号超出规定的范围,或编号出现重复,则作废选票。

⑤ 按选票中所列最佳运动员顺序给他们计分,计分标准如下:从第 1 名至第 10 名所得分数依次为:15,12,9,7,6,5,4,3,2,1。

⑥ 按各运动员所得分数的高低进行排序,列出前 10 名最佳运动员排名,格式为:

名次　　　运动员编号　　　合计得分　　　合计得票数

如果得分相同,则得票多者在前;如果得分与票数都相同,则编号小的在前。

(2) 设计提示。

① 根据题意,明确选票及其运动员的完整数据信息。

② 选票统计过程分为三个步骤:投票、选票检查(即确认选票是否为有效票)和有效票

统计。

③ 根据要求,可将问题分解为以下多个功能模块。

• 输入选票。

• 选票检查。

• 统计每个运动员的总得票数和总分。

• 对运动员的得分高低进行排序。

• 输出运动员的排名。

④ 可以考虑通过无限循环接收所有选票,用输入运动员编号为-1表示本张选票结束,输入-2表示所有选票结束。

3. 多项式求和

(1) 题目描述。

编写一个程序,实现多项式的求和。例如:多项式 $2x^5+3x^2-5.1x+6$ 与多项式 x^4-3x^2+x-2 求和的结果为 $2x^5+x^4-4.1x+4$。系统能实现以下功能。

① 输入:输入一个多项式。

② 插入:在一个多项式中插入一项。

③ 删除:在一个多项式中删除一项。

④ 查找:在一个多项式中查找某一项。

⑤ 合并:多项式求和。

⑥ 输出:输出多项式。

(2) 设计提示。

① 先确定多项式的数据结构。例如,确定每一项由哪些数据组成,每个数据项用什么数据类型比较合适。

② 明确功能模块:如主菜单、输入数据、插入数据、删除数据、查询、合并和输出等功能,并确定各功能模块的实现算法。

第4章　C 程序典型题解

【实例 4-1】 输出由数字 1、2、3、4 组成的互不相同且无重复数字的三位数,并统计这样的数有几个。

1. 程序分析

可填在百位、十位、个位的数字都是 1、2、3、4。要求组成的三位数无重复数字,那么 1、2、3、4 个数字组成的排列数即为要求的三位数个数。

本题算法如图 4-1 所示。

2. 源程序清单

```
# include < stdio.h >
int main()
{
    int i,j,k,count = 0;
    for(i = 1;i < 5;i++)
        for(j = 1;j < 5;j++)
            for (k = 1;k < 5;k++)
                if (i != k&&i != j&&j != k){
                    printf("%d%d%d",i,j,k);
                    count++;
                    if(count % 10 == 0) printf("\n"); /*控制一行输出 10 个数*/
                }
    printf("\n组成的无重复数字的三位数共有%d个\n",count);
    return 0;
}
```

3. 运行结果

求组合数的程序运行结果如图 4-2 所示。

【实例 4-2】 企业发放的奖金根据利润提成。利润(i)低于或等于 10 万元时,奖金按 10% 提成;利润高于 10 万元,低于 20 万元时,低于 10 万元的部分按 10% 提成,高于 10 万元的部分按 7.5% 提成;利润为 20 万到 40 万之间时,高于 20 万元的部分按 5% 提成;利润为 40 万到 60 万之间时高于 40 万元的部分按 3% 提成;利润为 60 万到 100 万之间时,高于 60 万元的部分按 1.5% 提成;利润高于 100 万元时,超过 100 万元的部分按 1% 提成。从键盘输入当月利润 i,求应发放奖金总数?

1. 程序分析

此题的关键在于正确写出利润在不同区间时奖金的计算公式。利润(i)与奖金的关系如下。

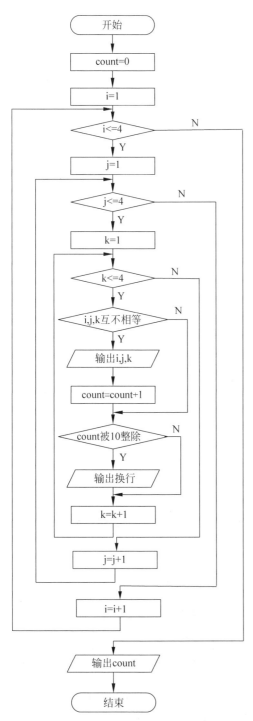

图 4-1 求组合数的流程

```
"D:\C语言学习指导\C程序典型题解\实例4_1\...    —    □    ×
123    124    132    134    142    143    213    214    231    234
241    243    312    314    321    324    341    342    412    413
421    423    431    432
组成的无重复数字的三位数共有24个
Press any key to continue
```

图 4-2 求无重复数字的三位数

$i \leqslant 10$ 万	奖金按 10% 提成
10 万 $<i \leqslant 20$ 万	高于 10 万元部分奖金按 7.5% 提成
20 万 $<i \leqslant 40$ 万	高于 20 万元部分奖金按 5% 提成

C 程序典型题解

40 万＜i≤60 万　　高于 40 万元部分奖金按 3% 提成

60 万＜i≤100 万　　高于 60 万元部分奖金按 1.5% 提成

100 万＜i　　　　高于 100 万元部分奖金按 1% 提成

假设 10 万元、20 万元、40 万元、60 万元、100 万元各关键点的奖金分别为 bonus1、bonus2、bonus4、bonus6、bonus10，它们的计算方法如下。

bonus1＝100000 ∗ 0.1

bonus2＝bonus1＋100000 ∗ 0.075

bonus4＝bonus2＋200000 ∗ 0.05

bonus6＝bonus4＋200000 ∗ 0.03

bonus10＝bonus6＋400000 ∗ 0.015

2. 源程序清单

```c
#include < stdio.h>
int main()
{
    int i;
    double bonus1,bonus2,bonus4,bonus6,bonus10,bonus;
    printf("请输入利润额:");
    scanf("%d",&i);
    bonus1 = 100000 * 0.1;
    bonus2 = bonus1 + 100000 * 0.075;
    bonus4 = bonus2 + 200000 * 0.05;
    bonus6 = bonus4 + 200000 * 0.03;
    bonus10 = bonus6 + 400000 * 0.015;
    if(i < = 100000)
        bonus = i * 0.1;
    else if(i < = 200000)
        bonus = bonus1 + (i - 100000) * 0.075;
    else if(i < = 400000)
        bonus = bonus2 + (i - 200000) * 0.05;
    else if(i < = 600000)
        bonus = bonus4 + (i - 400000) * 0.03;
    else if(i < = 1000000)
        bonus = bonus6 + (i - 600000) * 0.015;
    else
        bonus = bonus10 + (i - 1000000) * 0.01;
    printf("bonus = %.2f\n",bonus);        /* 结果保留两位小数 */
    return 0;
}
```

3. 运行结果

根据利润计算奖金的程序运行结果如图 4-3 所示。

　　(a) 利润额为23万　　　　　　(b) 利润额为120万

图 4-3　根据利润计算奖金

【实例 4-3】 一个整数加 100 后是一个完全平方数,再加 268 又是一个完全平方数,请问该数是多少? 完全平方数是这样一种数:它是一个正整数的平方。例如,36 是 6 的平方,49 是 7 的平方。

1. 程序分析

在 10 万以内判断,先将整数 i 加 100 后开方,假设开方数取整为 x。然后将 i 加 268 后再开方,开方数取整为 y。如果 i 满足如下条件:x2 等于 i+100 且 y2 等于 i+268,i 即所求的整数。

2. 源程序清单

```
# include < stdio. h >
# include < math. h >
int main()
{
    int i,x,y;
    for (i = 1;i < 100000;i++){
        x = (int)sqrt(i + 100);          /* x 为加 100 后开方后的结果 */
        y = (int)sqrt(i + 268);          /* y 为再加 268 后开方后的结果 */
        if(x * x == i + 100&&y * y == i + 268)
            printf("该整数是 % ld\n",i);
    }
    return 0;
}
```

3. 运行结果

求符合条件的整数的程序运行结果如图 4-4 所示。

图 4-4　求符合条件的整数

【实例 4-4】 输入某年某月某日,判断这一天是这一年的第几天?

1. 程序分析

以 2008 年 5 月 5 日为例,首先按平年计算,把前 4 个月的天数相加,即 31+28+31+30=120,然后再加 5 天即本年的第几天。2008 年为闰年,且输入月份大于 3,则考虑多加 1 天。判断闰年的条件是:能被 4 整除但不能被 100 整除,或者能被 400 整除。

2. 源程序清单

```
# include < stdio. h >
int main()
{
    int day,month,year,sum,leap;
    printf("please input year,month,day\n");
    scanf(" % d, % d, % d",&year,&month,&day);
    switch(month)                        /* 先计算某月以前月份的总天数 */
    {
    case 1:sum = 0;break;
    case 2:sum = 31;break;
    case 3:sum = 59;break;
    case 4:sum = 90;break;
    case 5:sum = 120;break;
```

```
case 6:sum = 151;break;
case 7:sum = 181;break;
case 8:sum = 212;break;
case 9:sum = 243;break;
case 10:sum = 273;break;
case 11:sum = 304;break;
case 12:sum = 334;break;
default:printf("data error");break;
}
sum = sum + day;                              /* 再加上某天的天数 */
if(year % 400 == 0||(year % 4 == 0&&year % 100!= 0))   /* 判断是不是闰年 */
    leap = 1;
else
    leap = 0;
if(leap&&month > 2)          /* 如果是闰年且月份大于 2,总天数应该加 1 天 */
    sum++;
printf("It is the % dth day in % d. \n",sum,year);
return 0;
}
```

3. 运行结果

求某天是该年第几天的程序运行结果如图 4-5 所示。

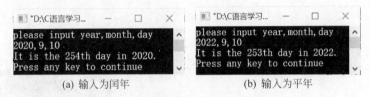

(a) 输入为闰年   (b) 输入为平年

图 4-5　求某天是该年的第几天

【实例 4-5】 输入三个字符串,将它们从小到大排序输出。

1. 程序分析

将三个字符串分别输入到三个一维字符数组 str1、str2 和 str3 中,然后执行以下步骤。

(1) 比较字符串 1 与字符串 2,若字符串 1>字符串 2,交换字符串。

(2) 比较字符串 1 与字符串 3,若字符串 1>字符串 3,交换字符串。

(3) 比较字符串 2 与字符串 3,若字符串 2>字符串 3,交换字符串。

注意两个字符串比较用 strcmp()函数,字符串交换时用字符串复制函数 strcpy()。

本题算法如图 4-6 所示。

2. 源程序清单

```
# include < stdio. h >
# include < string. h >
int main()
{
    char str1[20], str2[20], str3[20];
    void swap(char  * p1, char  * p2);
    printf("输入三个字符串:\n");
    gets(str1);
    gets(str2);
    gets(str3);
    if(strcmp(str1,str2)> 0) swap(str1,str2);
```

```
        if(strcmp(str1,str3)>0) swap(str1,str3);
        if(strcmp(str2,str3)>0) swap(str2,str3);
        printf("三个字符串从小到大分别为:\n");
        printf("%s\n%s\n%s\n",str1,str2,str3);
        return 0;
}
void swap(char * p1, char * p2)              /* 交换两个字符串 */
{
        char p[20];                          /* 交换时类似中间变量的作用 */
        strcpy(p,p1);strcpy(p1,p2);strcpy(p2,p);
}
```

3. 运行结果

三个字符串排序的程序运行结果如图 4-7 所示。

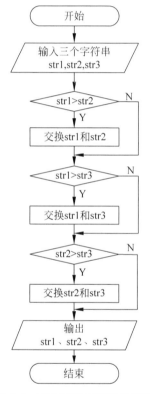

图 4-6　三个字符串排序的流程　　　　图 4-7　三个字符串排序

【实例 4-6】　输入 5 个数,求出其中的最大数和最小数。

1. 程序分析

定义两个中间变量 max 和 min 分别用于保存最大数与最小数。先输入第一个数,将它同时赋值给 max 与 min。采用一个单循环,每输入一个数,将该数与 max 进行比较,若比 max 大,则将该数赋值给 max。同时,将该数与 min 进行比较,若比 min 小,则将该数赋值给 min。这样,使中间变量 max 始终保存当前最大值,min 始终保存当前最小值。当余下的 4 个数都与 max 和 min 进行比较后,则循环结束。max 的值即最大数,min 的值即最小数。

本题算法如图 4-8 所示。

2. 源程序清单

```
#include<stdio.h>
int main()
{
    float max,min,x;
    int i;
    printf("Input numbers:\n");
    scanf("%f",&x);
    max=min=x;
    for(i=1;i<5;i++){
        scanf("%f",&x);
        if(x>max) max=x;
        if(x<min) min=x;
    }
    printf("max=%.2f,min=%.2f\n",max,min);
    return 0;
}
```

3. 运行结果

求 5 个数中的最大数和最小数的程序运行结果如图 4-9 所示。

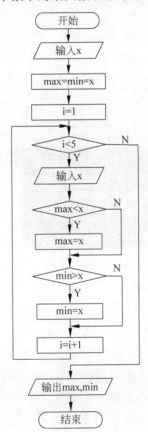

图 4-8 求 5 个数中的最大数和最小数的流程

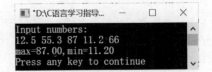

图 4-9 求 5 个数中的最大数和最小数

【实例 4-7】 打印如下图案(菱形)。

```
      *
     ***
    *****
   *******
    *****
     ***
      *
```

1. 程序分析

先把图形分成两部分,前四行组成一个正三角形,后三行组成一个倒三角形。

正三角形图案的特点如下。

(1) 总共有 4 行(i=1~4)。

(2) 每行有若干"＊"号,第一行有 1 个,第二行有 3 个,……,由此得出结论:第 i 行有 2＊i-1 个"＊"号。

(3) 每行的第 1 个"＊"号前有若干空格字符,第一行有 3 个,第二行有 2 个,……,由此得出结论:第 i 行的第 1 个"＊"号前有 4-i 个空格字符。

(4) 每一行的图案由两部分组成:空格与"＊"号。利用双重循环,外循环控制行,内循环控制列。

倒三角形可以用类似的方法输出。

本题算法如图 4-10 所示。

2. 源程序清单

```c
# include < stdio.h>
int main()
{
    int i,j,k;
    for(i = 1;i <= 4;i++){
        for(j = 1;j <= 4 - i;j++)          /＊输出空格＊/
            printf(" ");
        for(k = 1;k <= 2＊i - 1;k++)        /＊输出"＊"号＊/
            printf("＊");
        printf("\n");                      /＊输出一行后换行＊/
    }
    for(i = 1;i <= 3;i++){
        for(j = 1;j <= i;j++)
            printf(" ");
        for(k = 1;k <= 7 - 2＊i;k++)
            printf("＊");
        printf("\n");
    }
    return 0;
}
```

【实例 4-8】 递增的牛群:有一对牛,从出生后第 4 年起每年都生一对小牛,按照此规律,假如牛都不死,问第 n(n≥4)年时有多少对牛?

1. 程序分析

由题意得知,前 3 年是一对牛。从第 4 年起,3 岁以上的一对牛每年都生一对小牛。假设 n 表示年份,bnum、bnum1、bnum2、bnum3 分别表示当前年份、前一年、前两年、前三年的牛的对数,则有以下关系成立,如表 4-1 所示。

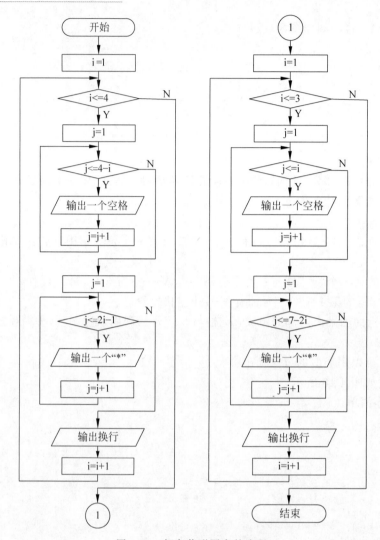

图 4-10　打印菱形图案的流程

表 4-1　牛群增长的规律

n	bnum3	bnum2	bnum1	bnum
1				1
2			1	1
3		1	1	1
4	1	1	1	2
5	1	1	2	3
6	1	2	3	4
7	2	3	4	6
8	3	4	6	9
9	4	6	9	13
⋮	⋮	⋮	⋮	⋮

bnum = 1 　　　　　　　　n <= 3
bnum = bnum1 + bnum3 　　n > 3

根据以上牛群增长的规律，可以用迭代法解决此问题。

本题算法如图 4-11 所示。

2. 源程序清单

```
#include<stdio.h>
int main()
{
    int bnum,bnum1,bnum2,bnum3,i,n;
    bnum = bnum1 = bnum2 = bnum3 = 1;
    printf("输入年份:\n");
    scanf("%d",&n);
    for(i = 4;i <= n;i++)
    {
        bnum = bnum1 + bnum3;
        bnum3 = bnum2;             /* 注意:此处开始的三个赋值语句的顺序不能任意交换 */
        bnum2 = bnum1;
        bnum1 = bnum;
    }
    printf("第%d年有%d对牛\n",n,bnum);
    return 0;
}
```

3. 运行结果

递增的牛群的程序运行结果如图 4-12 所示。

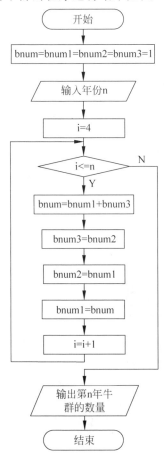

图 4-11　牛群递增的流程

图 4-12　递增的牛群

C 程序典型题解

【实例 4-9】　打印所有的"水仙花数"。所谓"水仙花数"是指一个三位数，其各位数字立方和等于该数本身。例如：153 是一个"水仙花数"，因为 153＝13＋53＋33。

1. 程序分析

"水仙花数"是一个三位数，其可能的取值区间为 100～999。利用 for 循环控制，把 100～999 数据区间的数逐个取出，依次取得每个数的个位、十位、百位上的数字，再根据判断条件：各位数字立方和是否等于该数本身，若是，则该数是"水仙花数"，否则不是。

本题算法如图 4-13 所示。

2. 源程序清单

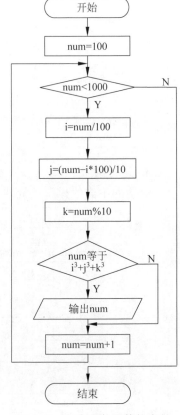

```
# include < stdio.h>
int main()
{
    int num,i,j,k;
    printf("水仙花数有:\n");
    for(num = 100;num < 1000;num++){
        i = num/100;            /* 求出百位上的数字 */
        j = (num - i * 100)/10; /* 求出十位上的数字 */
        k = num % 10;           /* 求出个位上的数字 */
        if(num == i * i * i + j * j * j + k * k * k)
        printf(" % - 5d",num);
    }
    printf("\n");
    return 0;
}
```

3. 运行结果

打印水仙花数的程序运行结果如图 4-14 所示。

【实例 4-10】　将一个正整数分解质因数。例如：输入 90，则打印 90＝2 * 3 * 3 * 5。

1. 程序分析

对 n 进行分解质因数，应先找到一个最小的质数 k(k＝2)，然后按下述步骤完成。

图 4-13　打印水仙花数的流程

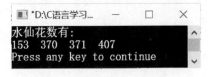

图 4-14　打印水仙花数

（1）如果 k 等于 n，则说明分解质因数的过程已经结束，打印即可。

（2）如果 n≠k，但 n 能被 k 整除，则应打印 k 的值，并用 n 除以 k 的商作为 n 的值，重复执行（1）。

（3）如果 n 不能被 k 整除，则用 k＋1 作为 k 的值，重复执行步骤（1）。

本题算法如图 4-15 所示。

2. 源程序清单

```c
#include<stdio.h>
int main()
{

    int n,k;
    printf("Please input a number:\n");
    scanf("%d",&n);
    printf("%d = ",n);
    for(k=2;k<=n;k++)
        while(n!=k)
            if(n%k==0){
                printf("%d * ",k);
                n=n/k;
            }
            else
                break;
    printf("%d\n",n);
    return 0;
}
```

3. 运行结果

整数分解质因数的程序运行结果如图 4-16 所示。

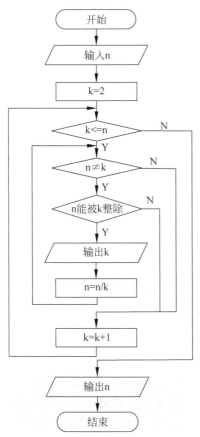

图 4-15　正整数分解质因数的流程

图 4-16　正整数分解质因数

第 4 章

C 程序典型题解

【实例 4-11】 输入两个正整数 m 和 n,求它们的最大公约数和最小公倍数。

1. 程序分析

求两个正整数 m 和 n 的最大公约数有一个非常有效的方法叫作辗展相除法,也称欧几里得算法。其大致思路为:当 n 不为 0 时,进行如下操作。

(1) 求 m 除以 n 的余数 r,即 r=m％n。

(2) 将 n 的值作为 m 的新值,将 r 的值作为 n 的新值,即 m＝n,n＝r。

(3) 如果 n 的值不为 0,则重复执行(1),否则结束计算,m 的值即为所求的解。

辗展相除法求正整数 m 和 n 的最大公约数的算法如图 4-17 所示。

2. 源程序清单

```c
# include < stdio. h>
int main()
{
    int m,n,num1,num2,r;
    printf("请输入两个正整数:\n");
    scanf("% d, % d",&m,&n);
    num1 = m;
    num2 = n;
    while(n!= 0)          /* 利用辗展相除法,直到 n 为 0 时为止 */
    {
        r= m % n;
        m = n;
        n = r;
    }
    printf("最大公约数:% d\n",m);
    printf("最小公倍数:% d\n",num1 * num2/m);
    return 0;
}
```

3. 运行结果

求两个整数的最大公约数和最小公倍数的程序运行结果如图 4-18 所示。

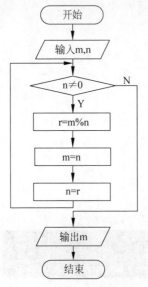

图 4-17　求最大公约数的流程

图 4-18　求最大公约数和最小公倍数

【实例 4-12】 求 s＝a＋aa＋aaa＋aaaa＋aa…a(n 个 a)的值,其中 0≤a≤9,a 和正整数 n 由键盘输入。例如,2＋22＋222＋2222＋22222(此时共有 5 个数相加)。

1. 程序分析

本题是求累加和问题。解决求累加和的一般方法如下。

(1)定义一个求和的变量 sn,其初值为 0。

(2)利用一个循环语句控制求和,每循环一次,求和变量加上一个新的求和项。

问题的关键是计算出每一个求和项的值。假设当前求和项为 tn,则求下一项的表达式为 tn * 10＋a。

本题算法如图 4-19 所示。

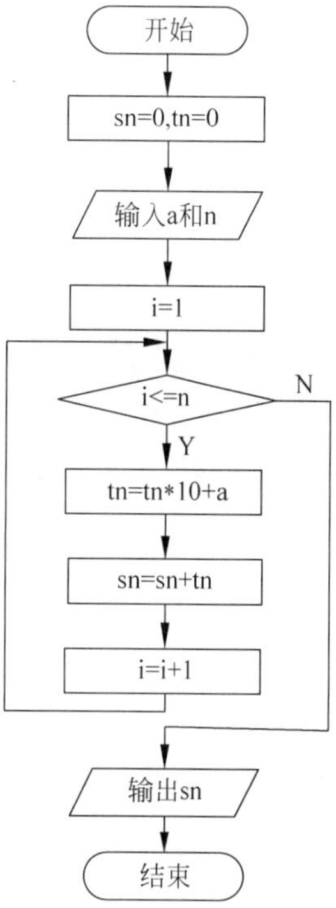

2. 源程序清单

```c
# include < stdio.h >
int main()
{
    int a,i,n,sn = 0,tn = 0;
    printf("please input a(0≤a≤9): \n");
    scanf(" % d",&a);
    printf("please input n(n > 0): \n");
    scanf(" % d",&n);
    for(i = 1;i < = n;i++){
        tn = tn * 10 + a;
        sn = sn + tn;
    }
    printf(" % d+ % d% d+ ... = % ld\n",a,a,a,sn);
    return 0;
}
```

3. 运行结果

求 s＝a＋aa＋aaa＋aaaa＋aa…a(n 个 a)的值的程序运行结果如图 4-20 所示。

【实例 4-13】 找出 1000 以内的所有完数。一个数如果恰好等于它的因子之和,这个数则称为"完数"。例如,6＝1＋2＋3。

图 4-19　求累加和的流程

1. 程序分析

本题采用穷举法。利用一个循环语句,逐一取得 1000 以内的整数,判断该数是否是完数。

判断某个数 m 是否是完数的方法如下。

(1)求出 m 的所有因子并累加。利用一个循环语句,逐一取 1～m/2 的数,凡是能整除 m 的都是 m 的因子。可以把 m 的所有因子保存在一个一维数组中,以便程序的输出更加直观。

(2)若累加和 sum 等于整数 m,则此数为完数。

判断 m 是否为完数的算法如图 4-21 所示。

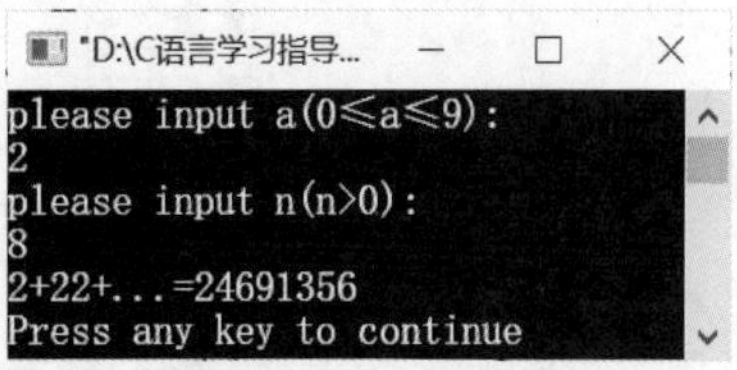

图 4-21　判断 m 是否为完数的流程

图 4-20　求累加和

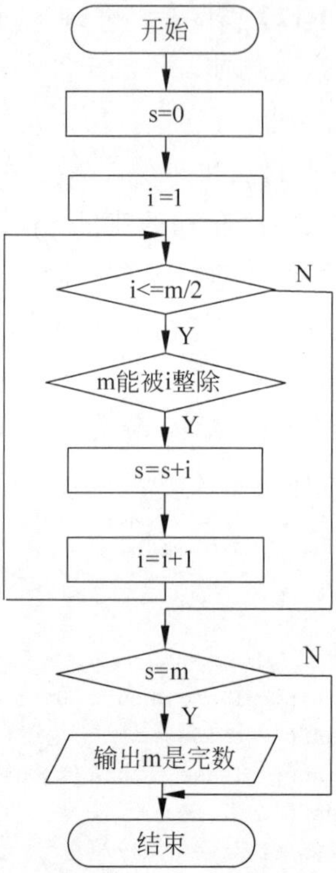

2. 源程序清单

```c
# include < stdio. h >
int main()
{
    int i,k[10],m,n,s;
    for(m = 2;m < 1000;m++){
        /ﾠ*ﾠsﾠ用于求因子和,n用于求因子个数ﾠ*ﾠ/
        n = 0;
        s = 0;
        for(i = 1;i < = m/2;i++)
            if((m % i) == 0){
                k[n++] = i;
                s = s + i;
            }
        if(s == m){
            printf(" % d 是一个完数, % d = ",m,m);
            for(i = 0;i < n - 1;i++)
                printf(" % d + ",k[i]);
            printf(" % d\n",k[n - 1]);
        }        /ﾠ* if ﾠ*ﾠ/
    }            /ﾠ* for ﾠ*ﾠ/
    return 0;
}
```

3. 运行结果

判断 1000 以内的数是否为完数的程序运行结果如图 4-22 所示。

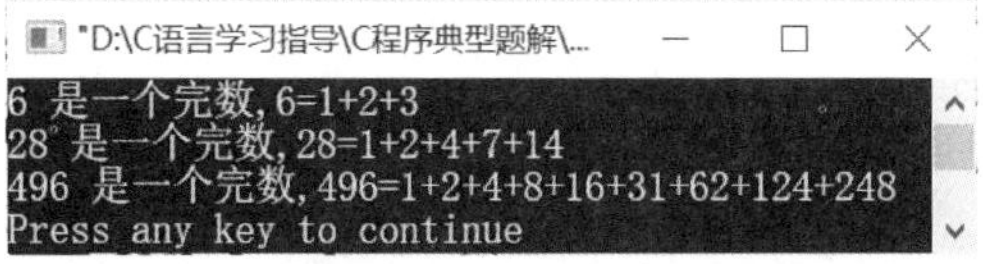

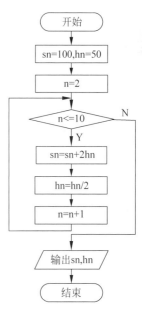

图 4-22　判断 1000 以内的数是否为完数

【实例 4-14】　一球从 100 米高度自由落下,每次落地后反弹原高度的一半再落下,求它在第 10 次落地时,共经过多少米? 第 10 次反弹多高?

1. 程序分析

第一次落地共经过 s＝100 米,落地后反弹的高度是 h＝100/2 米。第二次落地时共经过 s＝100＋2 * 50 米,即第一次下落的 100 米,加上反弹后又下落经过的长度。落地后反弹的高度是 h＝50/2,即原来高度的一半,以此类推,可以得到以下迭代公式。

$$S_1 = 100$$
$$h_1 = 50$$
$$s_n = s_{n-1} + 2 * h_n; \quad\quad 当 n>1 时$$
$$h_n = h_{n-1}/2;$$

本题算法如图 4-23 所示。

2. 源程序清单

```c
# include < stdio.h>
int main()
{
    float sn = 100.0, hn = sn/2;
    int n;
    for(n = 2; n <= 10; n++){
        sn = sn + 2 * hn;    /* 第 n 次落地时共经过的长度 */
        hn = hn/2;           /* 第 n 次反弹高度 */
    }
    printf("第 10 次落地时,共经过 % f 米\n", sn);
    printf("第 10 次反弹 % f 米\n", hn);
    return 0;
}
```

图 4-23　求一球经过距离
和反弹高度的流程

3. 运行结果

求一球经过距离和反弹高度的程序运行结果如图 4-24 所示。

图 4-24　求一球经过距离和反弹高度

【实例 4-15】　用牛顿迭代法求方程 x3－x2－1＝0 在 2.0 附近的根。

1. 程序分析

牛顿迭代法(Newton's method)又称为牛顿-拉夫逊方法(Newton-Raphson method)。多数方程不存在求根公式,因此求精确根非常困难,甚至不可能,从而寻找方程的近似根就

第 4 章

C 程序典型题解

显得特别重要。牛顿迭代法是近似求解方程根的重要方法之一,该方法广泛用于计算机编程中。方法步骤如下。

（1）设 r 是 f(x) = 0 的根,选取 x0(可以是猜测的)作为 r 初始近似值。

（2）过点(x0,f(x0))做曲线 y = f(x)的切线 L,L 的方程为 y=f(x0)+f'(x0)(x−x0),求出 L 与 x 轴交点的横坐标 x1=x0−f(x0)/f'(x0),称 x1 为 r 的一次近似值。

（3）过点(x1,f(x1))做曲线 y = f(x)的切线,并求该切线与 x 轴交点的横坐标 x2=x1−f(x1)/f'(x1),称 x2 为 r 的二次近似值。

（4）重复以上过程,得到 r 的近似值序列,其中 x(n+1)=x(n)−f(x(n))/f'(x(n)),称为 r 的 n+1 次近似值,上式称为牛顿迭代公式。

其中,f'(x)表示函数 f(x)的导函数,f'(xo)则表示函数 f(x)在 x = xo 处的导数,即曲线 y=f(x)在点(x0,f(x0))处的切线 L 的斜率。

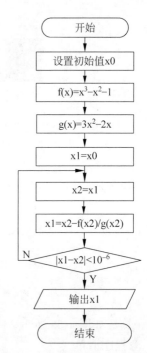

图 4-25　牛顿迭代法求方程根的流程

牛顿迭代法求方程根的算法如图 4-25 所示。

2. 源程序清单

```
# include < stdio. h >
# include < math. h >
# define X0 2.0
# define f(x) (x * x * (x - 1.0) - 1.0)        / * 举例函数 x3 - x2 - 1 * /
# define g(x) (3.0 * x * x - 2.0 * x)          / * 导函数 3x2 - 2x * /
# define epsilon 0.000001                       / * 精度 * /
int main()
{
    double x1,x2;
    x1 = X0;
    do{
        x2 = x1;                                / * x2 赋值为前一次的近似根,x1 表示新的近似根 * /
        x1 = x2 - f(x2)/g(x2);
    }while(fabs(x1 - x2)> = epsilon);
    printf("方程的根是 % .2f\n",x1);
    return 0;
}
```

3. 运行结果

方程的根是 1.47。

【实例 4-16】　用二分法求方程 x3−x2−1=0 在[−2,2]的根。

1. 程序分析

通常,对于函数 f(x),如果存在实数 c,当 x=c 时 f(c)=0,那么把 x=c 叫作函数 f(x)

的零点。求方程 f(x)＝0 的根,即求函数 f(x) 的零点。

用二分法求方程的根的方法步骤如下。

(1) 先找到 a、b,使 f(a) 与 f(b) 异号,说明 f(x) 在区间[a,b]内一定有零点。现在假设 a＜b,f(a)＜0,f(b)＞0。

(2) 求 a 和 b 的中点(a＋b)/2,求 f[(a＋b)/2] 的值,作以下判断。

① 如果 f[(a＋b)/2]＜＝0,则零点在区间 [(a＋b)/2,b]内。把(a＋b)/2 作为 a 的新值,从 (2)开始继续使用中点函数值判断。

② 如果 f[(a＋b)/2]＞0,则零点在区间 [a,(a＋b)/2]内。把(a＋b)/2 作为 b 的新值,从 (2)开始继续使用中点函数值判断。

(3) 如此不断进行下去,直到区间足够小 为止。

通过每次把 f(x) 的零点所在区间收缩一半的 方法,使区间的两个端点逐步逼近函数的零点,以 求得零点的近似值,这种方法叫作二分法。

二分法求方程根的算法如图 4-26 所示。

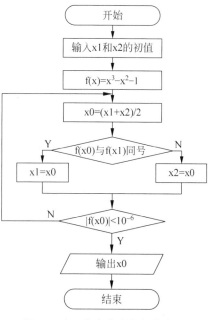

图 4-26 二分法求方程根的流程

2. 源程序清单

```
# include < stdio.h>
# include < math.h>
# define f(x) (x * x * (x - 1.0) - 1.0)       /* 举例函数 x3 - x2 - 1 */
# define epsilon 0.000001                      /* 精度 */
int main()
{
    float x1,x2,x0;
    x1 = - 2.0;x2 = 2.0;                        /* 初始求值区间是[ - 2,2] */
    do{
        x0 = (x1 + x2)/2;
        if(f(x0) * f(x1)> = 0)                  /* f(x0)与 f(x1)同号 */
            x1 = x0;                            /* 把区间[x0,x2]作为新的求值区间 */
        else
            x2 = x0;                            /* 把区间[x1,x0]作为新的求值区间 */
    }while(fabs(f(x0))> = epsilon);
    printf("方程的根是 %.2f\n",x0);
    return 0;
}
```

3. 运行结果

方程的根是 1.47。

【实例 4-17】 有一分数序列:2/1,3/2,5/3,8/5,13/8,…。求出这个数列的前 20 项 之和。

1. 程序分析

此程序是求累加和问题,关键是计算求和项的值。观察分数序列中各项的值,找出分子与分母的变化规律：第 i 项的分母＝第 i−1 项的分子；第 i 项的分子＝第 i−1 项的分子＋第 i−1 项的分母，其中，i>=2。

本题算法如图 4-27 所示。

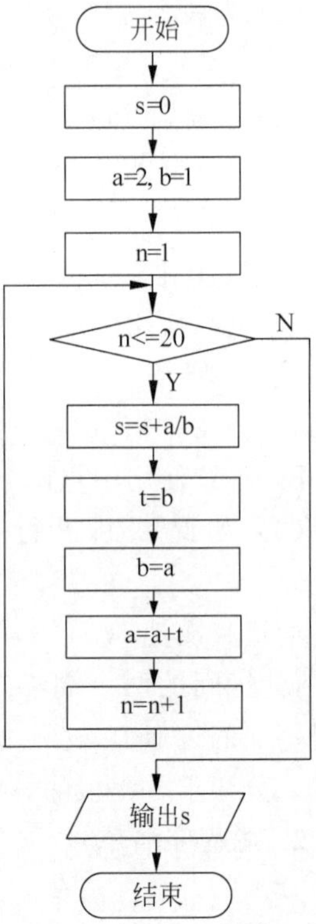

2．源程序清单

```
# include < stdio. h >
# define NUMBER 20
int main()
{
    int n;
    float a = 2, b = 1, s = 0, t;
    for(n = 1; n < = NUMBER; n++){
      s = s + a/b;
      t = b;
      b = a;        /* 下一个分数的分母等于当前分数的分子 */
      /* 下一个分数的分子等于当前分数的分子与分母之和 */
      a = a + t;
    }
    printf("Sum is %.5f\n", s);
    return 0;
}
```

3．运行结果

```
Sum is 32.66026。
```

【实例 4-18】 判断一个整数是否是回文数。"回文数"是指一个像 12321 这样"对称"的数，即无论从左往右读数，还是从右往左读数都是一样的。

图 4-27　分数序列求和的流程

1．程序分析

判断某个整数 n 是否是回文数的方法有以下两种。

（1）顺序计算获得 n 各位上的数字，然后首末对应位数字两两比较，若对应位数字都相同，则 n 是回文数，否则 n 不是回文数。

（2）将 n 的各位数字按相反（低位到高位）的顺序重新组成一个新的整数 m。若 m 与 n 相等，则 n 是回文数，否则 n 不是回文数。

方法（2）的算法如图 4-28 所示。

2．源程序清单

下面的程序是根据方法（2）编写的。

```
# include < stdio. h >
int main()
{
    long k, m, n;
    printf("请输入一个整数:");
    scanf(" % ld", &n);
    k = n;
    m = 0;
    while(n != 0){
        m = m * 10 + n % 10;
        n/ = 10;
    }
```

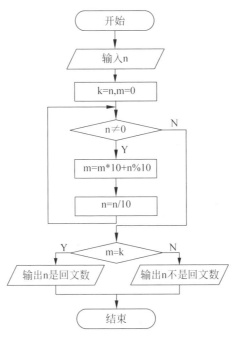

图 4-28　判断某数是否是回文数的流程

```
    if (m == k)          / * 逆序组成的新数 m 与原数 k 相等 * /
        printf(" % ld 是回文数\n",k);
    else
        printf(" % ld 不是回文数\n",k);
    return 0;
}
```

3. 运行结果

判断某数是否是回文数的程序运行结果如图 4-29 所示。

(a) 是回文数　　　　　　　(b) 不是回文数

图 4-29　判断某数是否是回文数

【实例 4-19】　验证 4～200 的偶数都能够分解为两个素数之和(即歌德巴赫猜想对 4～200 的偶数成立)。

1. 程序分析

利用一个循环语句,取 4～200 的偶数,将每个数分解为两个整数,然后判断分解出的两个整数是否均为素数。若是,则满足题意,否则重新进行分解和判断。

要判断某个数是否是素数,可以参照实例 4-12 中的方法,定义和调用函数 prime(m)判断 m 是否为素数,当 m 为素数时返回 1,否则返回 0。

本题算法如图 4-30 所示。

2. 源程序清单

```
# include < stdio. h >
```

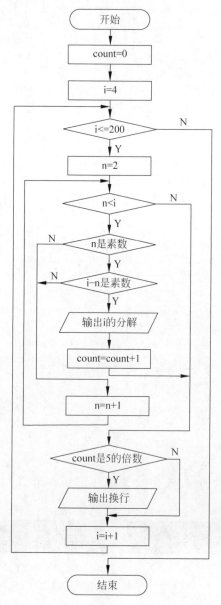

图 4-30　一个偶数分解为两个素数之和的流程

```c
#include <math.h>
int prime(int m)
{
    int i,k;
    if(m == 1) return 0;
    k = (int)sqrt(m);
    for(i = 2;i <= k;i++)
        if(m % i == 0) break;
    if(i > k)
        return 1;
    else
        return 0;
}
```

```
int main()
{
    int count = 0,i,n;
    for(i = 4;i <= 200;i += 2){
        for(n = 2;n < i;n++)                    /* 将偶数 i 分解为两个整数 n 和 i - n */
            if(prime(n))
                if(prime(i - n)){
                    printf(" % 3d = % 3d + % 3d ",i,n,i - n);
                    count++;
                    break;                      /* 每个偶数找到一组解即可 */
                }
        if(count % 5 == 0) printf("\n");        /* 控制一行 5 个数 */
    }
    printf("\n");
    return 0;
}
```

3. 运行结果

4～200 的偶数分解为两个素数之和的程序运行结果如图 4-31 所示。

图 4-31　一个偶数分解为两个素数之和

【实例 4-20】　有 30 个人，其中包括男人、女人和小孩，在一家饭馆吃饭花了 100 元。每个男人花 5 元，每个女人花 3 元，每个小孩花 1 元。问男人、女人和小孩各有多少人？

1. 程序分析

设男人、女人和小孩的人数分别为 x、y、z。按题目的要求，可以得到下面的方程：

$$x + y + z = 30 \tag{1}$$

$$5x + 4y + z = 100 \tag{2}$$

根据题意，初步估算 x 的取值范是 1～19，y 的取值范围是 1～24。

由式(1)可知，z = 30 - x - y，并且根据题意得知 z ≥ 1。

利用二重循环，用穷举法解此题。

本题算法如图 4-32 所示。

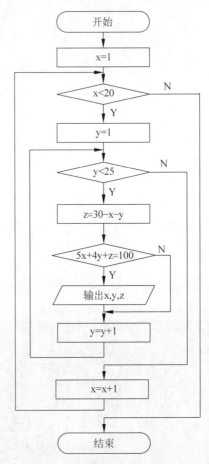

图 4-32　求人数问题的流程

2. 源程序清单

```
#include<stdio.h>
int main()
{
    int x,y,z;
    printf("men women children\n");
    for(x=1;x<20;x++)
      for(y=1;y<25;y++){
        z=30-x-y;
        if(5*x+4*y+z==100&&z>=1) printf("%3d %5d %3d\n",x,y,z);
      }
      return 0;
}
```

3. 运行结果

求人数问题程序运行结果如图 4-33 所示。

【实例 4-21】　输入一个整数,要求逆序输出这个整数的各位数字。例如原数是 234,则输出 432;原数是 -123,则输出 -321。

图 4-33　求人数问题

1. 程序分析

先输入一个整数 n,若是负数,则取它的绝对值。

用一个循环语句,按低位到高位的顺序计算得到 n 的各位数字,并用一个计数变量 count 进行同步计数即可。

输出数字前先判断 n 是否小于零,若是,先输出一个"−"号。

本题算法如图 4-34 所示。

2. 源程序清单

```c
#include <stdio.h>
int main()
{
    int count = 0,n;
    printf("请输入一个整数:\n");
    scanf("%d",&n);
    printf("%d的逆序为:",n);
    if(n<0){
        n = -n;
        printf("-");
    }
    while(n!= 0){
        printf("%d",n%10);
        n = n/10;
    }
    printf("\n");
    return 0;
}
```

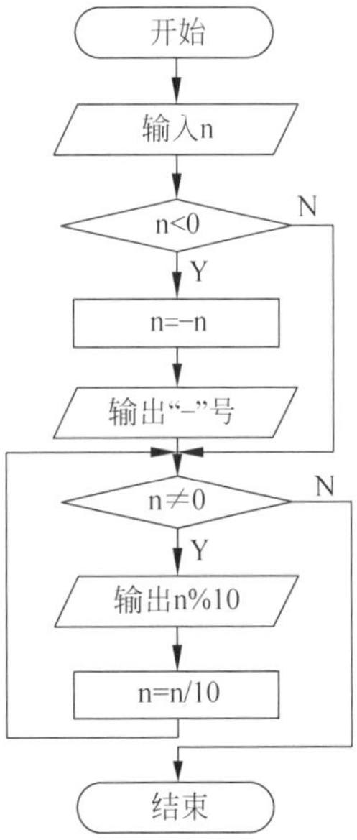

图 4-34　逆序输出某整数的流程

3. 运行结果

逆序输出某整数的程序运行结果如图 4-35 所示。

(a) 输入一个正数　　　　　(b) 输入一个负数

图 4-35　逆序输出某整数的运行结果

【实例 4-22】　一个猜数字游戏。具体要求如下。

(1) 输入密码,若密码正确,则进入猜字游戏,否则重新输入密码,若 3 次输入密码均错误,则结束程序。

(2) 产生一个 1~100 的随机数,从键盘输入一个整数,若两者相等,则输出"you are very clever!",否则输出"Too small!"或"Too big!"等信息,重新输入一个数。

1. 程序分析

密码输入和验证部分可以用一个循环语句实现。当输入的密码正确,则循环结束,否则计数,并重新输入密码,若输入次数达到 3 次,则结束程序。

使用函数 rand() 产生一个随机数,rand()%100 即可表示一个 1~100 的随机数 y。利用一个循环语句,每次输入一个数 x,将 x 与 y 进行比较,若相等则猜数成功,否则输出相关信息,再次输入一个数,如此反复进行。

输入数字并验证的算法如图 4-36 所示。

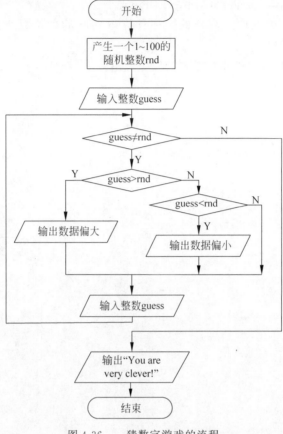

图 4-36　　猜数字游戏的流程

2. 源程序清单

```c
#include <stdio.h>
#include <stdlib.h>
int main()
{
    char c;
    int guess, i = 0, password = 0, rnd;
    while(password!= 123456){                    /*给3次输入密码的机会*/
        if(i >= 3){
        printf("\nPassword is not right!\n");
        exit(1);;
        }
        printf("Please input password : ");
        scanf(" % d",&password);
        i++;
    }
    getchar();
    rnd = rand() % 100;                          /*产生一个1～100的随机数*/
    printf("Do you want to start?('y' or 'n')");
    while((c = getchar()) == 'y'){
        printf("\nPlease input number you guess:\n");
```

```
        scanf(" % d",&guess);
        while(guess!= rnd){
            if(guess > rnd)
                printf("\1 \1Too big! Please input a little smaller. \1 \1\n");
            else if(guess < rnd)
                printf("\1 \1Too small! Please input a little bigger. \1 \1\n");
            printf("\nPlease input number again:\n");
            scanf(" % d",&guess);
        }
        printf("\1 \1 you are very clever! \1 \1\n");
        getchar();
        printf("Do you want to try again?('y' or 'n') \n");
    }
    return 0;
}
```

3. 运行结果

猜数字游戏的程序运行结果如图 4-37 所示。

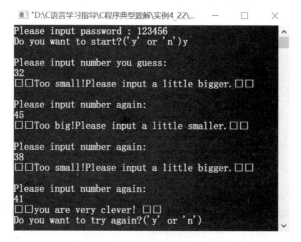

图 4-37　猜数字游戏的运行结果

【实例 4-23】　输入某星期的第一个字母，判断是星期几。如果第 1 个字母一样，则继续输入第 2 个字母。例如，输入"F"，则判断结果是星期五(Friday)；输入"S"，不能明确判断是星期几，则继续输入"a"，判断结果是星期六。

1. 程序分析

表示星期的单词共有 7 个，有 5 个不同的首字母，可以考虑用多分支语句(swith 语句)实现对首字母的判断。如果第一个字母一样，则再用 swith 语句或 if 语句判断第 2 个字母。

本题中用条件语句的嵌套实现算法。

2. 源程序清单

```
# include < stdio. h>
int main()
{
    char letter;
    printf("Please input the first letter of someday:\n");
    letter = getchar();
```

```
        getchar();                    /* 读取输入的第一个字母后的回车键 */
        switch (letter){
        case 'S':printf("Please input second letter:\n");
            letter = getchar();
            if(letter == 'a')
                printf("Saturday\n");
            else if (letter == 'u')
                printf("Sunday\n");
            else
                printf("data error\n");
            break;
        case 'F':printf("Friday\n");break;
        case 'M':printf("Monday\n");break;
        case 'T':printf("Please input second letter\n");
            letter = getchar();
            if(letter == 'u')
                printf("Tuesday\n");
            else if (letter == 'h')
                printf("Thursday\n");
            else
                printf("data error\n");
            break;
        case 'W':printf("Wednesday\n");break;
        default: printf("data error\n");
        }
        return 0;
}
```

3. 运行结果

根据输入字母判断星期几的程序运行结果如图 4-38 所示。

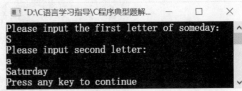

图 4-38　根据输入字母判断星期几

【实例 4-24】 已知一个由 10 个数组成的升序排列的整数序列。现输入一个整数 x,要求按原来的规律将它插入到这个整数序列中。

1. 程序分析

首先将整数序列保存到一个一维数组中,用二分查找算法判断整数 x 在有序的整数序列中插入的位置。若 x 大于序列中最后一个数,则直接将 x 添加到序列中即可;若插入位置在中间,则先将插入位置所在及其之后的元素依次后移一个位置,然后将 x 插入到相应位置处。

二分查找也称为折半查找,是一种适合于有序表的查找方法,其基本思想是将有序表中的数据分成两半,取中间值与待查数据 x 作比较:如果 x 与中间值相等,则查找成功,算法终止;如果 x 小于中间值,则将查找范围缩小到前半部分继续搜索(这里假设有序表中的数据呈升序排列);如果 x 大于中间值,则将查找范围缩小到后半部分继续搜索。

每次取中间位置的数据与 x 作比较,直至查找成功或所比较区间大小小于 0 为止(查找失败)。

将插入位置所在及其之后的元素依次后移一个位置,可以利用一个循环语句,从最后一个元素开始,到插入位置所在的元素,把每个元素值依次赋值给其后面的元素即可。

本题算法如图 4-39 所示。

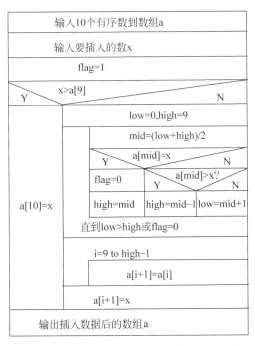

输入10个有序数到数组a				
输入要插入的数x				
flag=1				

图 4-39　在有序序列中插入一个数据的 N-S 流程

2. 源程序清单

```c
# include < stdio. h >
int main()
{
    int a[11] = {1,4,6,9,13,16,19,28,40,100};
    int flag = 1,high,low,mid,i,x;
    printf("初始数列是:\n");
    for(i = 0;i < 10;i++)
        printf(" %5d",a[i]);
    printf("\n");
    printf("输入要插入的数据:\n");
    scanf(" %d",&x);
    if(x > a[9])
        a[10] = x;
    else{
        low = 0;high = 9;
        do{
            mid = (low + high)/2;
            if(a[mid] == x){
                flag = 0;
                high = mid;
            }
            else if(a[mid] > x)
                high = mid - 1;
            else
                low = mid + 1;
        }while(low <= high&&flag);
        for(i = 9;i > high;i -- )
            a[i + 1] = a[i];
        a[i + 1] = x;
    }
```

```
        printf("插入数据后的数列为:\n");
        for(i = 0;i < 11;i++)
            printf(" % 6d",a[i]);
        return 0;
    }
```

3. 运行结果

在有序序列中插入一个数据的程序运行结果如图 4-40 所示。

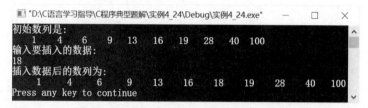

图 4-40　在有序序列中插入一个数据

【实例 4-25】　有 n(0＜n＜20)个整数,使其前面各数顺序向后移 m 个位置,最后 m 个数变成最前面的 m 个数。例如,1,2,3,4,5,6,7 顺序向后移 3 位后变成 5,6,7,1,2,3,4。

1. 程序分析

将 n 个数保存在一个一维数组 a 中,采用逐步移位的方法来解决问题。

具体步骤如下。

(1) 将最后一个数 a[n−1]暂时保存在一个中间变量 temp 中。

(2) 从倒数第二个数 a[n−2]开始,到第一个数 a[0],每个数依次后移一个位置。

(3) 将中间变量 temp 中的数放到第一个位置,即 a[0]中。

此为一趟移位,每个数顺序向后移了一个位置,最后的数变成了最前面的数。若要移 m 个位置,可以采用循环结构,步骤(1)～(3)重复执行 m 次即可。

本题算法如图 4-41 所示。

2. 源程序清单

```c
# include < stdio.h >
int main()
{
    int a[20],i,j,m,n,temp;
    printf("共有几个数?");
    scanf(" % d",&n);
    printf("请输入 % d个数:\n",n);
    for(i = 0;i < n;i++)
        scanf(" % d",&a[i]);
    printf("后移几位?");
```

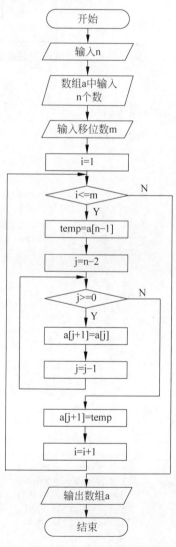

图 4-41　n 个整数循环移位的流程

```
    scanf(" % d",&m);
    for(i = 1;i < = m;i++){
        temp = a[n - 1];
        for(j = n - 2;j > = 0;j -- )
            a[j + 1] = a[j];
        a[j + 1] = temp;
    }
    printf("移 % d 位后的结果为:\n",m);
    for(i = 0;i < n;i++)
        printf(" % 5d",a[i]);
    return 0;
}
```

3. 运行结果

n 个整数循环移位的程序运行结果如图 4-42 所示。

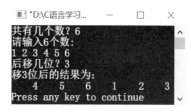

图 4-42　n 个整数循环移位的运行结果

【实例 4-26】 有 n 个人围成一个圈,顺序排号。从第一个人开始报数(从 1 到 3 报数),凡报到 3 的人退出圈子,问最后留下的是原来第几号的人?

1. 程序分析

将 n 个人分别对应一个一维数组的 n 个元素。利用一个循环语句,对 n 个数组元素依次赋值为 1,2,3,…,n,完成 n 个人的顺序编号。

报数出局的问题采用一个循环结构实现。需要三个计数变量,一个变量 total 用于累计出局的人数,人数达到 n−1,则游戏终止;第二个变量 count 用于累计报数的值,按 1,2,3 计数,累计到 3 后,变量重置为 0,以便下一个人从 1 开始报数,count 也从 1 开始重新计数;第三个变量 i 用于对 n 个人计数,无论报数与否,都用 i 累计,当 i 累计到 n 后,变量重置为 0,最后一人报数后,第一个人接着报数,i 从 1 开始重新计数。

为了表示报到 3 的人退出圈子,将对应的数组元素赋值为 0。最后 n−1 人出局后,从头开始逐一判断数组元素的值是否等于 0,找到值为非 0 的那个数组元素,该数组元素的值就是最后留下的人的编号。

本题算法如图 4-43 所示。

2. 源程序清单

```
# include < stdio.h >
# define MAX 50
int main()
{
    int i,count,n,num[MAX], * p = num,total;
    printf("请输入人数:");
    scanf(" % d",&n);
    for(i = 0;i < n;i++)
        num[i] = i + 1;
    count = i = total = 0;
    while(total < n - 1){
        if( * (p + i)!= 0) count++;      /* 在圈子里的人(对应数组元素的值不为 0)报数 */
        if(count == 3){
            * (p + i) = 0;              /* 报数为 3 的人出局(对应数组元素赋值为 0) */
            count = 0;                   /* 报数的计数重为 0,下一个人重新从 1 开始报数 */
            total++;                     /* 出局人数累计一次 */
        }
```

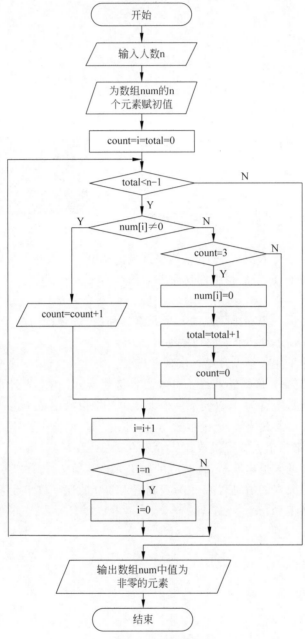

图 4-43　报数游戏的流程

```
        i++;                          /* n个人数累计一次 */
        if(i == n) i = 0;             /* 若累计达到n个人,计数重置为0,继续从 */
    }                                 /* 第一个人开始新一轮的计数 */
    while( * p == 0) p++;
    printf("剩下的人的编号为: % d\n", * p);
    return 0;
}
```

3. 运行结果

报数游戏的程序运行结果如图 4-44 所示。

图 4-44　报数游戏的运行结果

【**实例 4-27**】 打印以下杨辉三角形(要求打印出 10 行)。

```
1
1  1
1  2  1
1  3  3  1
1  4  6  4  1
1  5  10  10  5  1
```

1. 程序分析

本题是典型的二维数组的应用题。

杨辉三角形具有以下特点。

(1)第 1 列及主对角线上的元素值均为 1。

(2)从第 3 行开始,除第一列与主对角线上的元素之外,其余元素的值是上一行同列元素与前一列元素之和。例如,第 3 行第 2 个数为 3,它是第 2 行第 1 个数(1)与第 2 个数(2)相加所得,可以这样表示:$a[i][j]=a[i-1][j-1]+a[i-1][j]$,其中 i 表示行,j 表示列。

(3)要求打印的杨辉三角形是下三角形。

本题算法如图 4-45 所示。

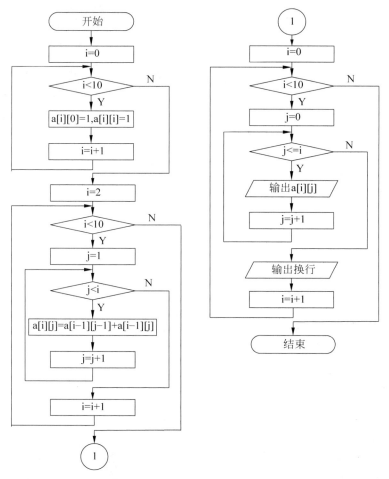

图 4-45　打印杨辉三角形的流程

2. 源程序清单

```c
#include <stdio.h>
int main()
{
    int a[10][10],i,j;
        /*第1列及主对角线上的元素值均赋值为1*/
    for(i=0; i<10; i++)
        a[i][0]=a[i][i]=1;
        /*计算下三角阵中除第1列及主对角线上元素以外的其他元素的值*/
    for(i=2; i<10; i++)
        for(j=1; j<i; j++)
            a[i][j]=a[i-1][j-1]+a[i-1][j];
        /*输出杨辉三角形*/
    for(i=0; i<10; i++){
        for(j=0; j<=i; j++)          /*下三角形 j<=i */
            printf("%4d",a[i][j]);
        printf("\n");
    }
    return 0;
}
```

3. 运行结果

打印杨辉三角形的程序运行结果如图 4-46 所示。

【实例 4-28】 某公司采用公用电话传递数据，数据是四位的整数，在传递过程中是加密的，加密规则如下：每位数字都加上 5 后除

图 4-46 打印杨辉三角形

以 10 的余数代替该数字，再将第一位和第四位交换，第二位和第三位交换。

1. 程序分析

先将四位整数的每一位数分解出来，然后进行如下加密步骤。

(1) 利用一个循环结构，逐个给每一位数进行加密计算。

(2) 利用一个循环结构，将计算后的数进行逆序处理，即前后对应数位交换。

最后，将加密处理后的数据输出。

2. 源程序清单

```c
#include <stdio.h>
int main()
{
    int a[4],number,i,t;
    printf("输入一个四位数:\n");
    scanf("%d",&number);
    a[0]=number/1000;
    a[1]=(number-a[0]*1000)/100;
    a[2]=number%100/10;
    a[3]=number%10;
    for(i=0;i<=3;i++){              /*加密计算*/
        a[i]+=5;
        a[i]%=10;
    }
```

```
    for(i = 0;i < = 3/2;i++){          /* 前后对应数位交换 */
        t = a[i];
        a[i] = a[3 - i];
        a[3 - i] = t;
    }
    printf("加密后的数为:\n");
    for(i = 0;i < 4;i++)
        printf(" % d",a[i]);
    printf("\n");
    return 0;
}
```

3. 运行结果

简单数据加密的程序运行结果如图 4-47 所示。

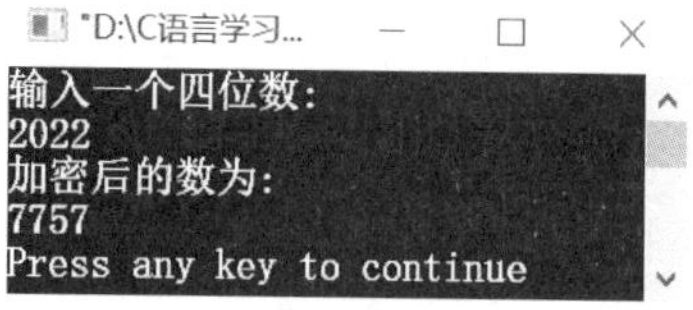

图 4-47　简单数据加密的运行结果

【实例 4-29】 将输入的十进制整数 n 通过函数 DtoH 转换为十六进制数,并将转换结果以字符串形式输出。例如,输入十进制数 76,则输出十六进制 4c。

1. 程序分析

将一个十进制整数 n 转换为十六进制数可以采用"除 16 取余"法,即 n 除以 16 取余数,然后再用商除以 16 取余数,反复计算,直到被除数为 0 为止。例如,167%16 等于 10,余 7,得到十六进制数 a7。

注意以上算法过程中有以下两个特点。

(1)"除 16 取余"法转换所得的十六进制数是按低位到高位的顺序依次计算得到每位数据的。

(2)余数若超过 9,计算得到的数需要转化为十六进制数码 a、b、c、d、e、f 的形式。本题中函数 trans 的功能是将一个十进制数转换为字符形式的十六进制数码。例如,1 转换为 '1',10 转换为 'a'。

十进制整数 n 转换为十六进制数的算法如图 4-48 所示。

2. 源程序清单

```
# include < stdio. h>
# include < string. h>
char trans(int x)
{
    if(x < 10) return '0' + x;
    else return 'a' + x - 10;
}
int DtoH(int n,char * str)
{
    int i = 0;
    while(n!= 0){
    /* 将除以 16 得到的余数转换为字符形式后
保存到字符数组中 */
        str[i] = trans(n % 16);
        n/ = 16;
```

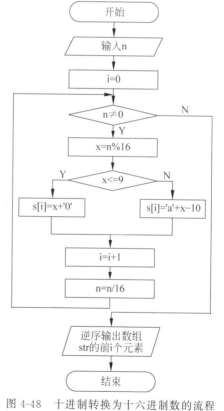

图 4-48　十进制转换为十六进制数的流程

C 程序典型题解

```
            i++;
        }
        return i-1;              /*返回最后一个字符所在元素的下标 */
    }
    int main()
    {
        int i,k,n;
        char str[20];
        printf("输入一个十进制整数:\n");
        scanf("%d",&n);
        k = DtoH(n,str);
        printf("十进制整数%d转换为十六进制数为 ",n);
      /*十六进制数是逆序保存在数组中的,所以要逆序输出字符数组中的字符*/
        for(i=0;i<=k;i++)
            printf("%c",str[k-i]);
        printf("\n");
        return 0;
    }
```

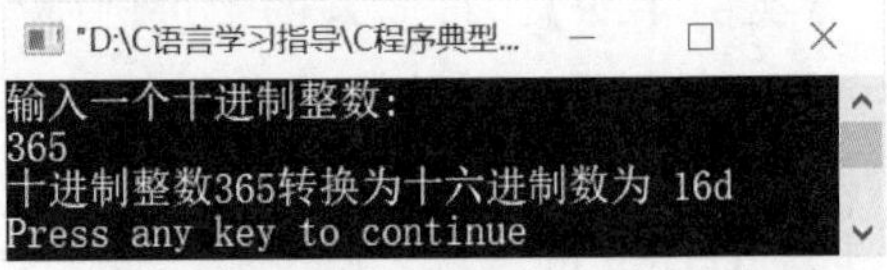

3. 运行结果

十进制转换为十六进制数的程序运行结果如
图 4-49 所示。

图 4-49 十进制数转换为十六进制数

【实例 4-30】 输入一个 5 行 5 列的矩阵,计算并输出该矩阵 4 条边上的所有元素之和 sum1,以及主对角线元素之和 sum2,主对角线为从矩阵的左上角至右下角的连线。

1. 程序分析

使用二维数组 a 表示矩阵。二维数组元素 a[i][j] 表示矩阵中的数据,其中,i 表示行,j 表示列,i 和 j 的取值区间均为 0～4,共 5 行 5 列。

矩阵 4 条边上的元素可以按以下表示。

(1) a[0][j](j=0～4)表示第一行的元素。

(2) a[4][j](j=0～4)表示最后一行的元素。

(3) a[i][0](i=0～4)表示第一列的元素。

(4) a[i][4](i=0～4)表示最后一列的元素。

求和时注意行列交叉位置上的元素不要重复累加。例如,a[0][0]和 a[4][0]等。

矩阵主对角线上元素的特点是行列值相同,所以可以表示为 a[i][i](i=0～4)。

2. 源程序清单

```c
#include<stdio.h>
int main()
{
    int i, j, sum1,sum2;
    int a[5][5];
    printf("Enter 5*5 array:\n");
    for(i=0;i<5;i++)
        for(j=0;j<5;j++)
            scanf("%d", &a[i][j]);
    sum1=0;
    for(j=0;j<5;j++)                     /*第一行与最后一行所有元素求和*/
        sum1+=a[0][j]+a[4][j];
    for(i=1;i<4;i++)
        sum1+=a[i][0]+a[i][4];    /*累加第一列与最后一列中除去4个角上的所有元素*/
```

```
    printf("sum1 = % d\n",sum1);
    sum2 = 0;
    for(i = 0;i < 5;i++)
        sum2 += a[i][i];
    printf("sum2 = % d\n", sum2);
    return 0;
}
```

3. 运行结果

计算并输出 5 行 5 列矩阵 4 条边上的所有元素之和 sum1 以及主对角线元素之和 sum2,程序的运行结果如图 4-50 所示。

【实例 4-31】 编写程序,定义一个函数 int　palindrome(char ∗ str),其功能是判断某字符串是否是回文。若是回文,则函数的返回值为 1,否则返回值为 0。

1. 程序分析

判断字符串是否是回文的方法如下。

(1) 引入两个指针变量 p 和 q,开始时,p 指向字符串的首字符,q 指向字符串的末字符。

(2) 比较 p 与 q 两个指针所指的字符,若相等,则指针 p 向后移一个字符位置,指针 q 向前移一个字符位置,继续比较,直到两个指针相遇,说明该字符串是回文。若比较过程中出现两个指针所指的字符不相等的情况,则判定该字符串不是回文。

判断字符串 str 是否是回文的算法如图 4-51 所示。

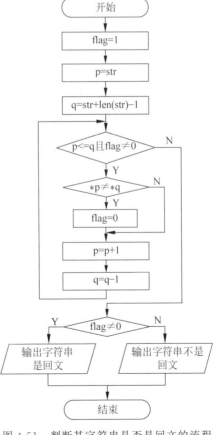

图 4-50　矩阵元素求和

图 4-51　判断某字符串是否是回文的流程

2. 源程序清单

```
# include < stdio. h>
# include < string. h>
# define MAXLEN 50
int palindrome(char  * str)
{
    int flag = 1;
    char  * p, * q;
    p = str;
    q = str + strlen(str) - 1;
    for(;p < = q&&flag;p++,q -- )
        if( * p!= * q) flag = 0;
        if(flag)
            return 1;
        else
            return 0;
}
int main()
{
    char str[MAXLEN];
    printf("Please input a string:\n");
    gets(str);
    if(palindrome(str))
        printf("It's palindrome. \n");
    else
        printf("It's not palindrome. \n");
    return 0;
}
```

3. 运行结果

判断某字符串是否是回文的程序运行结果如图 4-52 所示。

(a) 输入的字符串不是回文   (b) 输入的字符串是回文

图 4-52　判断某字符串是否是回文

【**实例 4-32**】　已知两个字符串，将一个字符串逆序连接到另一个字符串后面，产生一个新的字符串。例如，abc 和 fed 连接后产生一个新字符串 abcdef。

1. 程序分析

两个字符串分别保存在两个一维字符数组 str1 与 str2 中。引入两个指针变量 s1 和 s2，s1 指向字符串 str1 的字符串结束标志'\0'处，s2 指向字符串 str2 的末字符。执行下列步骤。

（1）将指针 s2 所指的字符复制到 s1 所指的字符数组元素中。

（2）指针 s1 向后移一个位置，指针 s2 向前移一个位置。

（3）重复执行步骤（1）和步骤（2），直至指针 s2 指向字符串 str2 的首字符为止。

本题算法如图 4-53 所示。

2. 源程序清单

```
# include < stdio. h>
```

```
#include <string.h>
int main()
{
    int i;
    char * s1, * s2,str1[30],str2[10];
    printf("Enter the first string:\n");
    gets(str1);
    printf("Enter the second string:\n");
    gets(str2);
    for(i = 0;str1[i]!= '\0';i++);
    s1 = str1 + i;
    s2 = str2 + strlen(str2) - 1;
    for(i = strlen(str2);i >= 1;i -- )
        * s1++ = * s2 -- ;
    * s1 = '\0';
    printf("The new string :\n");
    puts(str1);
    return 0;
}
```

3. 运行结果

将一个字符串逆序连接到另一个字符串后面的程序运行结果如图 4-54 所示。

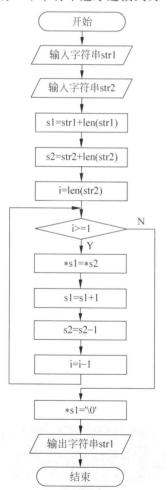

图 4-53　字符串逆序连接的流程

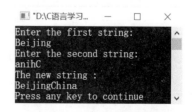

图 4-54　字符串逆序连接

【实例 4-33】 编写程序,定义一个函数 int substr(char * str1,char * str2),其功能是在字符串中查找是否出现某子串。如果查到,则返回出现的次数,否则返回 0。例如,字符串"abcthesdhthejdfthedk"中查找"the",出现 3 次。

1. 程序分析

引入两个指针变量 s1 和 s2,计数变量 count,s1 指向字符串 str1 的首字符,s2 指向子串 str2 的首字符,count 值为 0。

比较 s1 与 s2 两个指针所指的字符,若相等,则指针 s1 与 s2 都向后移一个字符位置。继续比较,直到 s2 移到子串末尾,说明子串出现一次,变量 count 计数 1 次。

若 s1 与 s2 两个指针所指的字符不相等,指针 s1 向后移一个字符位置,指针 s2 指向子串的首字符,继续比较。直到 s1 指向字符串 str1 的末字符,查找结束。

求子串在字符串中出现次数的算法如图 4-55 所示。

2. 源程序清单

```c
#include <string.h>
#include <stdio.h>
int substr(char * str1,char * str2)
{
    int count = 0;
    char * s1, * s2;
    s1 = str1;s2 = str2;
    while( * s1!= '\0')
        if( * s1 == * s2){
            for(; * s1 == * s2&& * s2!= '\0';s1++,
s2++);
            if( * s2 == '\0')
                count++;
            s2 = str2;
        }
        else
            s1++;
    return count;
}
int main()
{
    char str1[100],str2[20];
    printf("请输入字符串:\n");
    gets(str1);
    printf("请输入子串:\n");
    gets(str2);
    printf("子串出现次数为:");
    printf("%d\n", substr(str1,str2));
    return 0;
}
```

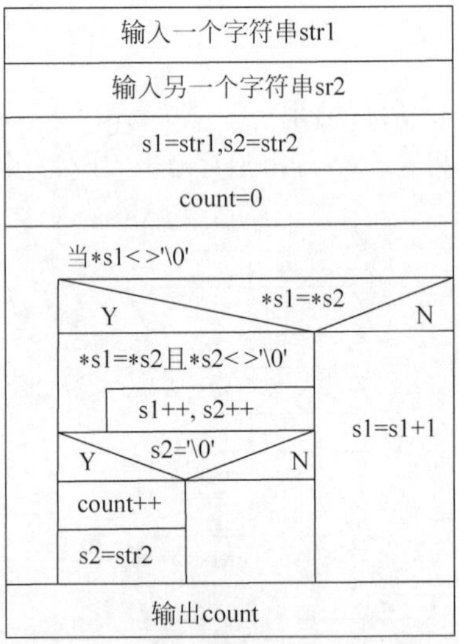

图 4-55 在某字符串中查找子串的 N-S 流程

3. 运行结果

在某字符串中查找子串的程序运行结果如图 4-56 所示。

【实例 4-34】 编写程序,定义函数 void f (int * a,int * m),其功能为删除整型数组中

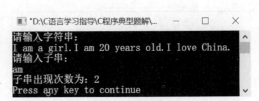

图 4-56 在某字符串中查找子串

的负数。例如,输入数组 x[7]={1,−2,3,−5,−7,4,9},调用函数 f 后,输出数组 x 的结果为 1 3 4 9。

1. 程序分析

引入一个指针变量 p,开始时 p 指向数组 x 的第一个元素,执行以下步骤。

(1) 判断 p 是否指向最后一个数据的下一位置,若不是,则执行步骤(2),否则结束操作。

(2) 判断指针 p 所指的数组元素值是否小于零。

① 若数组元素值大于或等于 0,则指针向后移一个位置,指向下一个数组元素,继续执行步骤(1)。

② 若数组元素值小于 0,执行步骤(3)。

(3) 从该元素的下一数组元素开始到最后一个数据,每个数据依次向前移动一个位置,即将当前小于零的数据从数组中删除。数组中的数据个数减去 1,继续执行步骤(1)。

删除数组中的负数的算法如图 4-57 所示。

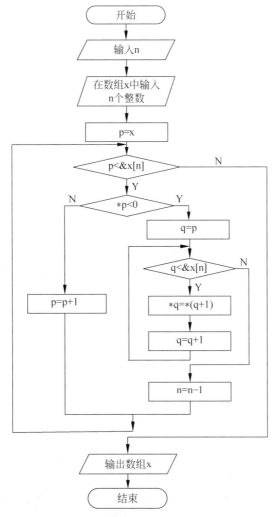

图 4-57 删除数组中的负数的流程

C 程序典型题解

2. 源程序清单

```c
# include < stdio.h>
int main()
{
    void f(int * a, int * m);
    int i,n,x[10];
    printf("Input n:\n");
    scanf("%d",&n);
    printf("Input %d numbers:\n",n);
    for(i = 0;i < n;i++)
        scanf("%d",&x[i]);
    f(x,&n);
    printf("After deleted:\n");
    for(i = 0;i < n;i++)
        printf("%5d",x[i]);
    printf("\n");
    return 0;
}
void f(int * a, int * m)
{
    int * p, * q;
    for(p = a;p < a + * m;)
        if( * p < 0){
            for(q = p;q < a + * m - 1;q++)      /* 移位删除小于 0 的数 */
                * q = * (q + 1);
            ( * m) -- ;                          /* 删除一个数后,数据减少一个 */
        }
        else
            p++;
}
```

3. 运行结果

删除数组中的负数的程序运行结果如图 4-58 所示。

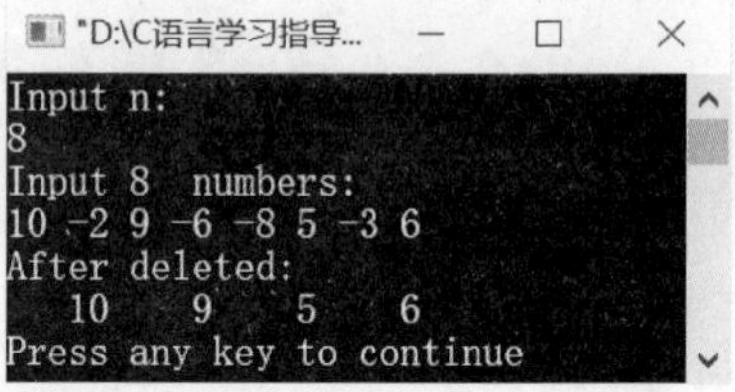

【**实例 4-35**】 编写程序,定义一个函数 void atoi(char * s,long * n),其功能是将一个由数字字符组成的字符串转换成整数。例如,将"123"转换成 123。

1. 程序分析

用一个循环语句,将字符串中的数字字符逐个转换成对应的整数,再将转换得到的数字依次整合到一个整型变量中。

数字字符 i 转换成整数可以用表达式:i $-$ '0'。例如,'9' $-$ '0'得到整数 9。

字符串中的数字字符逐个转换成对应的整数后,经过有效的组合才能形成一个完整的整数。例如,字符串"123"中的字符转换后可以得到数字 1、2、3,组合成整数 123 的方法为:先将第一个转换得到的数字 1 保存到整形变量 y 中,然后将第二个数字 2 与 y * 10 相加,得到 12 依旧保存到 y 中,再将第三个数字 3 与 y * 10 相加得到 123,保存到 y 中。

从整数 123 的形成过程可以看出,每次将字符串中的某字符转换成整数 i 后,进行如下运算:y $=$ y * 10+i,为不影响结果,变量 y 的初值为 0。

考虑整数数位可能较多,将 y 的类型定义为长整型。

图 4-58　删除数组中的负数

将一个由数字字符组成的字符串转换成整数的算法如图 4-59 所示。

2. 源程序清单

```c
#include <stdio.h>
#include <string.h>
int main()
{
    void atoi(char * s,long * n);
    long n;
    char str[10];
    printf("输入一个数字字符串:\n");
    gets(str);
    atoi(str,&n);
    printf("转换得到的整数为: ");
    printf(" % ld\n",n);
    return 0;
}
void atoi(char * s,long * n)
{
    long y = 0;
    int i,m;
    m = strlen(s);
    for(i = 0;i < m;i++)
        y = y * 10 + s[i] - '0';
    * n = y;
}
```

3. 运行结果

数字字符串转换为整数的程序运行结果如图 4-60 所示。

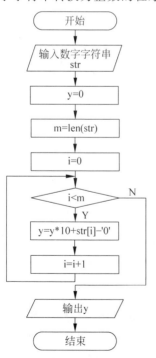

图 4-59　数字字符串转换为整数的流程

图 4-60　将数字字符串转换为整数

C 程序典型题解

【**实例 4-36**】 编写程序,定义一个函数 void itoa(long n,char * str),其功能是将一个正整数转换成字符串。例如,将 123 转换成字符串"123"。

1. 程序分析

将一个整数转换成字符串的方法是利用一个循环语句,将整数的各位上的数字逐个求出,然后转换成数字字符后保存到一个一维字符数组中。

按低位到高位的顺序计算获得整数的各位数字比较方便,所以需要先求出整数的位数,以便控制字符串的长度,将转换得到的数字字符从后往前依次保存到字符数组中。

将一个整数转换为字符串的算法如图 4-61 所示。

2. 源程序清单

```c
#include <stdio.h>
void itoa(long n,char * str);
int main()
{
    long n;
    char str[10];
    printf("请输入一个整数:\n");
    scanf("%ld",&n);
    itoa(n,str);
    printf("转换得到的字符串为:\n");
    puts(str);
    return 0;
}
void itoa(long n,char * str)
{
    int m,len = 0;
    m = n;
    while(m!= 0){              /* 求整数 n 的位数 */
        len++;
        m/= 10;
    }
    str[len] = '\0';
    while(n!= 0){
        str[--len] = n%10 + 48; /* 计算得到 n 的末位数并转换成数字字符保存到数组中 */
        n/= 10;                 /* 修改整数的值,去掉末位数 */
    }
}
```

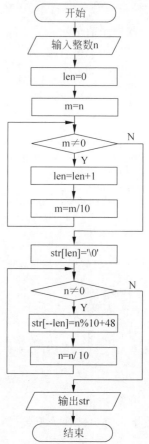

图 4-61　整数转换为字符串的流程

3. 运行结果

整数转换为数字字符串的程序运行结果如图 4-62 所示。

【**实例 4-37**】 已知有两个均按学号升序排序的链表,链表的结点包括学号和成绩。合并两个链表,要求仍按学号升序排序。

1. 程序分析

链表的数据类型定义为:

```
struct student
{
    int number;
    float score;
    struct student * next;
}
```

按学号升序创建两个链表 a 和 b,设指针 pa 和 pb 分别指向链表 a 和 b 中的第一个结点。两个链表合并的规则如下。

(1) pa-> number<=pb-> number,则新链表先取结点 pa,pa 指向链表 a 中的下一个结点。

(2) pa-> number>pb-> number,则新链表先取结点 pb,pb 指向链表 b 中的下一个结点。

若按上述规则操作,链表 a 中的结点先取完,则将链表 b 中的剩余结点链接到新链表中,反之,将链表 a 中的剩余结点链接到新链表中。

按学号升序合并两个链表的操作如图 4-63 所示。

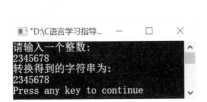

图 4-62　将整数转换为字符串

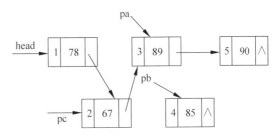

图 4-63　按学号升序合并两个链表

2. 源程序清单

```
# include < stdio. h>
# include < stdlib. h>
typedef struct student
{
    int number;
    float score;
    struct student * next;
}List;
List * create()                /* 创建一个新链表 */
{
    int i = 0, num;
    List * h, * p, * q;
    float x;
    printf("Please input number & score:\n");
    scanf(" % d % f",&num,&x);
    while(num){
        p = (List * )malloc(sizeof(List));
        p -> number = num;
        p -> score = x;
        i++;
        if(i == 1)
            h = p;
        else
```

```
                q -> next = p;
            scanf(" % d % f",&num,&x);
            q = p;
        }
        q -> next = NULL;
        return h;
}
List * merge(List * pa,List * pb)
{
    List * head, * pc;
    if(pa -> number < = pb -> number)
    { head = pc = pa;pa = pa -> next; }
    else
    { head = pc = pb;pb = pb -> next; }
    while(pa&&pb)
        if(pa -> number < = pb -> number)
        {   pc -> next = pa;pc = pa;pa = pa -> next; }
        else
        {   pc -> next = pb;pc = pb;pb = pb -> next; }
        if(pa)
            pc -> next = pa;
        else
            pc -> next = pb;
    return head;
}
void output(List * p)
{
    while(p){
        if (p -> next)
            printf(" % d -> ",p -> number);
        else
            printf(" % d",p -> number);
        p = p -> next;
    }
    printf("\n");
}
int main()
{
    List * pa, * pb, * pc;
    printf("请按学号升序输入链表 1 的结点值,学号为 0 时结束:\n");
    pa = create();
    printf("请按学号升序输入链表 2 的结点值,学号为 0 时结束:\n");
    pb = create();
    printf("链表 1 为:\n");
    output(pa);
    printf("链表 2 为:\n");
    output(pb);
    pc = merge(pa,pb);
    printf("合并后的新链表为:\n");
    output(pc);
    return 0;
}
```

3. 运行结果

按学号升序合并两个链表的程序运行结果如图 4-64 所示。

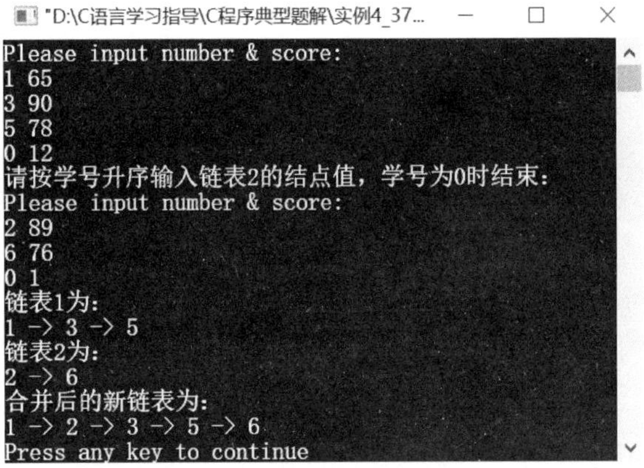

图 4-64　按学号升序合并两个链表

【实例 4-38】　有两个文本文件 d:\file1.txt 和 d:\ file2.txt，各存放有一行字母，要求将两个文件中的字母统一排序并写到一个新文件 d:\test.txt 中。

1. 程序分析

程序执行步骤如下。

（1）用函数 fgetc()将文件 file1.txt 的内容读出，保存到一维字符数组 str。

（2）用函数 fgetc()将文件 file2.txt 的内容读出，继续保存到数组 str。

（3）用冒泡或选择排序法对数组 str 中的字母进行排序。

（4）用函数 futc()将数组 str 中的内容写到文件 test.txt 中。

2. 源程序清单

```c
# include < stdio. h >
# include < stdlib. h >
int main()
{
    FILE  * fp;
    int i, j, n;
    char ch, str[100];
    if((fp = fopen("d:\\ file1.txt","r")) == NULL){
        printf("Can't open the file file1.txt\n");
        exit(1);
    }
    printf("File file1.txt is:\n");
    for(i = 0;(str[i] = fgetc(fp))!= EOF;i++)    /* 将文件 file1.txt 的内容保存到数组 str */
        putchar(str[i]);                         /* 输出文件 file1.txt 的内容 */
    putchar('\n');
    fclose(fp);
    if((fp = fopen("d:\\ file2.txt","r")) == NULL){
        printf("Can't open the file file2.txt\n");
        exit(1);
    }
    printf("\nFile file2.txt is:\n");
    for(;(str[i] = fgetc(fp))!= EOF;i++)         /* 将文件 file2.txt 的内容保存到数组 str */
        putchar(str[i]);                         /* 输出文件 file2.txt 的内容 */
    putchar('\n');
    fclose(fp);
```

```
    n = i;                                  /* 保存数组中字母个数 */
    for(i = 0;i < n;i++)
        for(j = 0;j < n - 1 - i;j++)
            if(str[j] > str[j + 1])
            {ch = str[j];str[j] = str[j + 1];str[j + 1] = ch;}
    fp = fopen("d:\\test.txt","w");
    printf("\nFile test.txt is:\n");
    for(i = 0;i < n;i++)                     /* 将数组 str 中的内容写到文件 test.txt 中 */
    {
        fputc(str[i],fp);
        putchar(str[i]);                     /* 输出文件 test.txt 的内容 */
    }
    fclose(fp);
    printf("\n");
    return 0;
}
```

3. 运行结果

将两个文件中的字母统一排序并写到一个新文件中的程序运行结果如图 4-65 所示。

图 4-65　将两个文件中的字母统一排序并写到一个新文件中

【**实例 4-39**】　编写程序,在数组 x 的 10 个数中求平均值 ave,找出与 ave 相差最小的数组元素,并将它的值及其所在位置以格式"%.5f,%d"写到文件 design.dat 中。

1. 程序分析

利用一个循环语句将数组 x 的 10 个数求和,总和除以 10 便得到平均值 ave。

求与 ave 相差最小的数组元素,即求|x[i]－ave|的最小值,求绝对值可以调用数学函数 fabs()。利用实例 4-6 中介绍的求最小值的方法,定义两个变量 min 与 pos,min 用于保留|x[i]－ave|的最小值,pos 用于保留与 ave 相差最小的数组元素的下标(即位置)。

本题算法如图 4-66 所示。

2. 源程序清单

```
# include < stdio.h >
# include < math.h >
int main()
{
    int i,pos;
    FILE * p;
    double x[10] = {2.3,5.6,1.2,8.2,11.6,23.5,32,16.2,6.7,19},ave = 0,min;
    printf("数组 X 的各元素的值为:\n");
    for(i = 0;i < 10;i++)                    /* 输出各数组元素的值 */
        printf(" %.2f ",x[i]);
    printf("\n");
```

开始
ave=0
i=0
i<10
N
Y
ave=ave+x[i]
i=i+1
ave =ave/10
pos =0
min=|x[0]−ave|
1
1
i=0
i<10
N
Y
Y
min>|x[i]−ave|
N
min=|x[i]−ave|
pos=i
i=i+1
将pos与x[pos]
输出到文件
结束

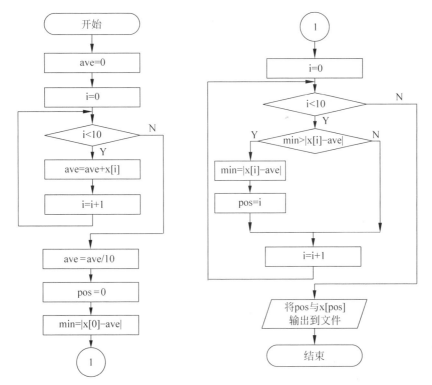

图 4-66　求与平均值相差最小的数组元素的流程

```
    for(i = 0;i < 10;i++)
        ave += x[i];
    ave/ = 10;
    min = fabs(x[0] - ave);              /* 求|x[i] - ave|的最小值及其对应数组元素 */
    pos = 0;
    for(i = 1;i < 10;i++)
        if(min > fabs(x[i] - ave)){
            min =  fabs(x[i] - ave);
            pos = i;
        }
    printf("平均值为 % .5f\n",ave);
    printf("与平均值相差最小的数组元素是 x[ % d]\n",pos);
    p = fopen("design.dat","w");        /* 打开文件 */
    fprintf(p," % .5f, % d",x[pos],pos); /* 数据写入文件 */
    fclose(p);                           /* 关闭文件 */
    return 0;
}
```

3. 运行结果

求与平均值相差最小的数组元素的程序运行结果如图 4-67 所示。

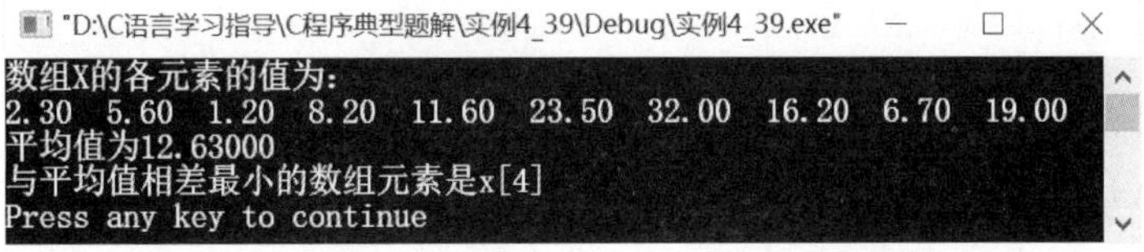

"D:\C语言学习指导\C程序典型题解\实例4_39\Debug\实例4_39.exe"
数组X的各元素的值为:
2.30 5.60 1.20 8.20 11.60 23.50 32.00 16.20 6.70 19.00
平均值为12.63000
与平均值相差最小的数组元素是x[4]
Press any key to continue

图 4-67　求与平均值相差最小的数组元素

【实例4-40】　有5个学生，每个学生有三门课的成绩，从键盘输入数据（包括学号，姓名，三门课成绩），计算每个学生的平均成绩，将原有的数据和计算出的平均分数存放在文件stud.txt中。

1. 程序分析

根据题意，学生的信息包括学号、姓名和三门课成绩，为方便数据的统一处理，每个学生的5项信息应该作为一个整体，采用结构体类型比较合适。因为共有5个学生，所以可以考虑定义结构体数组。

考虑到要计算平均成绩，结构体类型可以定义如下：

```
struct student
{    char num[6];              /* 学号 */
     char name[8];             /* 姓名 */
     int score[3];             /* 三门课程成绩 */
     float avr;                /* 平均成绩 */
}
```

本题中要注意结构体数组中成员的表示方式。

2. 源程序清单

```
# include < stdio. h>
# include < stdlib. h>
struct student
{
     char num[10];
     char name[20];
     int score[3];
     double avr;
} stu[5];
int main()
{
     int i,j,sum;
     FILE  * fp;
     if((fp = fopen("stud.dat","wb")) == NULL){        /* 打开文件 */
         printf("Can't open the file stud.dat\n");
         exit(1);
     }
     /* 输入学生初始数据信息 */
     for(i = 0;i < 5;i++){
         printf("\n 输入第 % d 个学生的学号:",i + 1);
         gets(stu[i].num);
         printf("输入姓名:");
         gets(stu[i].name);
         printf("输入三门课成绩:");
         for(j = 0;j < 3;j++)
             scanf(" % d",&stu[i].score[j]);
         getchar();
         sum = 0;                                       /* 三门课成绩求和 */
         for(j = 0;j < 3;j++)
             sum += stu[i].score[j];
         stu[i].avr = sum/3.0;                          /* 计算平均成绩 */
     }
     /* 数据写入文件 */
```

```
        if(!fwrite(stu,sizeof(struct student),5,fp))
            printf("file write error\n");
        fclose(fp);                                    /* 关闭文件 */
        if((fp = fopen("stud.dat","rb")) == NULL){     /* 打开文件 */
            printf("Can't open the file stud.dat\n");
            exit(1);
        }
        printf("输出每个学生的学号、姓名和平均成绩\n");
        /* 输出文件 stud.dat 中的内容 */
        fread(stu,sizeof(struct student),5,fp);
        for(i = 0;i < 5;i++)
            printf("% - 10s % - 20s %10.2f\n",stu[i].num,stu[i].name,stu[i].avr);
        fclose(fp);                                    /* 关闭文件 */
        return 0;
}
```

3. 运行结果

计算 5 个学生的平均成绩的程序运行结果如图 4-68 所示。

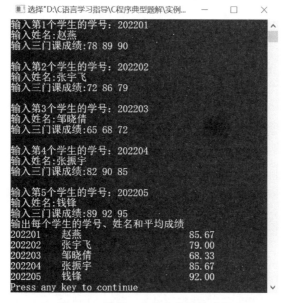

图 4-68　计算 5 个学生的平均成绩

C 程序典型题解

第 5 章　C 语言程序设计选择题集

习题 1　数据类型、运算及表达式

1. C 程序的执行是从（　　）。

  (A) 程序的主函数开始，到主函数结束

  (B) 程序的第一个函数开始，到最后一个函数结束

  (C) 程序的主函数开始，到最后一个函数结束

  (D) 程序的第一个函数开始，到主函数结束

2. 在 C 语言中（以 16 位 PC 为例），5 种基本数据类型存储空间长度的排列顺序是（　　）。

  (A) char＜int＜long int＜＝float＜double

  (B) char＝int＜long int＜＝float＜double

  (C) char＜int＜long int＝float＝double

  (D) char＝int＝long int＜＝float＜double

3. 下列四组常数中，均为合法的八进制数或十六进制数的是（　　）。

  (A) 016　　　0xbf　　　018　　　　(B) 0abc　　　017　　　　　0xa

  (C) 010　　 −0x11　　0x16　　　　(D) 0A12　　7FF　　　　 −123

4. 下列四组转义符中，均合法的一组是（　　）。

  (A) '\t'　'\\'　'\n'　　　　　　　　(B) '\'　'\017'　'\x'

  (C) '\018' '\f'　'\xab'　　　　　　(D) '\\0' '\101'　'\xif'

5. 已知语句"char a；int b；float c；double d；"，则表达式 a＋b＋c＊d 值的数据类型是（　　）。

  (A) float　　　　　(B) char　　　　　(C) int　　　　　　(D) double

6. 以下能正确定义变量 a、b 和 c，并为其赋值的语句是（　　）。

  (A) int a＝5；b＝5；c＝5；　　　　　(B) int a,b,c＝5；

  (C) a＝5，b＝5，c＝5；　　　　　　　(D) int a＝5，b＝5，c＝5；

7. 若有定义"int a＝7；float x＝2.5，y＝4.7；"，则表达式 x＋a％3＊(int)(x＋y)％2/4 的值是（　　）。

  (A) 2.500000　　　　　　　　　　　(B) 2.7500000

  (C) 3.500000　　　　　　　　　　　(D) 0.000000

8. C 语言所提供的基本数据类型包括字符型、整型、双精度型、单精度型和（　　）。

  (A) 指针型　　　　(B) 结构型　　　　(C) 数组型　　　　(D) 枚举类型

9. 已知字母 A 的 ASCII 码为十进制的 65,下面程序输出正确的是(　　　)。

```
int main()
{
    char ch1, ch2;
    ch1 = 'A' + '5' - '3';
    ch2 = 'A' + '6' - '3';
    printf("%d, %c\n", ch1, ch2);
    return 0;
}
```

    (A) 67,D   (B) B,C   (C) 不确定的值   (D) C,D

10. 在 C 语言中,下面合法的长整型数是(　　　)。

    (A) 0L   (B) 4962710

    (C) 0.054838743   (D) 2.1869e10

11. 语句"char c='\101';"中的变量 c(　　　)。

    (A) 包含一个字符   (B) 包含两个字符

    (C) 包含三个字符   (D) 说明不合法

12. C 语言中的变量名只能由字母、数字和下画线三种字符组成,且第一个字符(　　　)。

    (A) 必须为字母   (B) 必须为下画线

    (C) 必须为字母或下画线   (D) 可为字母、数字、下画线中的任意一种

13. 以下选项中, 均为合法浮点数的是(　　　)。

    (A) 1e+1   5e-9.4   03e2   (B) -.60   12e-4   -8e5

    (C) 123e   1.2e-.4   e-4   (D) -e3   e-4   5.e-0

14. 若有定义"int x=3,y=2;"和"float a=2.5,b=3.5;",则表达式(x+y)%2+(int)a/(int)b 的值是(　　　)。

    (A) 0   (B) 2   (C) 1.5   (D) 1

15. 若有定义"int a=12,n=5;",则表达式 a%=(n%2)运算后,a 的值是(　　　)。

    (A) 0   (B) 1   (C) 12   (D) 6

16. C 语言中,表达式 5!=3 的值是(　　　)。

    (A) T   (B) 非零值   (C) 0   (D) 1

17. 设 a=1,b=2,c=3,d=4,则表达式 a<b? a:c<d? a:d 的值是(　　　)。

    (A) 4   (B) 3   (C) 2   (D) 1

18. 若希望当 A 的值为奇数时,表达式的值为"真",A 的值为偶数时,表达式的值为"假",则下面不能满足要求的表达式是(　　　)。

    (A) A%2==1   (B) !(A%2==0)

    (C) !(A%2)   (D) A%2

19. a,b 均为整数,且 b!=0,则表达式 a/b*b+a%b 的值是(　　　)。

    (A) a   (B) b

    (C) a 被 b 除的整数部分   (D) a 被 b 除的商的整数部分

20. 为表示关系 x>y>z,应使用的 C 语言表达式是(　　　)。

    (A) (x>y)&&(y>z)   (B) (x>y)AND(y>z)

    (C) x>y>z   (D) (x>y)&(y>z)

21. 执行语句"int x＝10;x＋＝3＋x%(－3);"后,x 的值为(　　)。

    (A) 14　　　　　　(B) 15　　　　　　(C) 11　　　　　　(D) 12

22. 执行语句"int y＝7,x＝12;"后,计算结果为 3 的表达式是(　　)。

    (A) x%＝(y%＝5)　　　　　　　　(B) x%＝(y－y%5)

    (C) x%＝y－y%5　　　　　　　　(D) (x%＝y)－(y%＝5)

23. 在 C 语言中,要求运算量必须是整型或字符型的运算符是(　　)。

    (A) &&　　　　　　(B) %　　　　　　(C) !　　　　　　(D) ＋

24. 设 x,y,z,s 均为 int 型变量,且初值均为 1,则执行语句"s＝＋＋x||＋＋y&&＋＋z;"后,s 的值为(　　)。

    (A) 不定值　　　　(B) 2　　　　　　(C) 1　　　　　　(D) 0

25. 设有如下变量定义:

```
int i = 8,k,a,b;
unsigned long w = 5;double x = 1.42, y = 5.2;
```

则以下符合 C 语言语法的表达式是(　　)。

    (A) a＋＝a－＝(b＝4)*(a＝3)　　　　(B) x%(－3)

    (C) a＝a*3＝2　　　　　　　　　　(D) y＝float(i)

26. 若用 C 语言表达式表示代数式(3ae)/(bc),则下面选项中不正确的是(　　)。

    (A) a/b/c*e*3　　　　　　　　　(B) 3*a*e/b/c

    (C) 3*a*e/b*c　　　　　　　　　(D) a*e/c/b*3

27. 已知 x＝43,ch＝'A',y＝0,则表达式(x>=y&&ch<'B'&&!y)的值是(　　)。

    (A) 0　　　　　　(B) 语法错　　　　(C) 1　　　　　　(D) "假"

28. 若已定义 x 和 y 是整型变量且 x＝2,则表达式 y＝2.75＋x/2 的值是(　　)。

    (A) 5.5　　　　　　(B) 5　　　　　　(C) 3　　　　　　(D) 4.0

29. 若已有变量定义语句"int a;",则表达式 a＝10,a＋10,a＋＋的值是(　　)。

    (A) 20　　　　　　(B) 10　　　　　　(C) 21　　　　　　(D) 11

30. 以下语句:

```
int a = 010, b = 0x10, c = 10;
printf("%d, %d, %d\n",a,b,c);
```

的输出结果是(　　)。

    (A) 10,10,10　　(B) 8,16,10　　(C) 8,10,10　　(D) 8,8,10

31. 若已有语句"int a＝12;",则表达式 a＋＝a－＝a*＝a 的值是(　　)。

    (A) 0　　　　　　(B) －264　　　　(C) －144　　　　(D) 132

32. 下面程序的输出结果是(　　)。

```
int main()
{
    int a = 5,b = 3;
    float x = 3.14, y = 6.5;
    printf("%d, %d\n",a+b!= a-b,x <= (y-= 6.1));
    return 0;
}
```

    (A) 1,0　　　　　(B) 0,1　　　　　(C) 1,1　　　　　(D) 0,0

33. 下面程序的输出结果是（　　）。

```
int main()
{
    int a = -1, b = 4, k;
    k = (a++<=0)&&(!(b--<=0));
    printf("%d,%d,%d\n",k,a,b);
    return 0;
}
```

(A) 1,1,2 　　　　(B) 1,0,3 　　　　(C) 0,1,2 　　　　(D) 0,0,3

34. 已知程序：

```
int main()
{
    int i,j;
    scanf("%3d%2d",&i,&j);
    printf("i=%d,j=%d\n",i,j);
    return 0;
}
```

如果从键盘上输入 1234567 <回车>,则程序的运行结果是（　　）。

(A) i=123,j=4567 　　　　　　　(B) i=1234,j=567

(C) i=1,j=2 　　　　　　　　　　(D) i=123,j=45

35. 已知 x=2.5,a=7,y=4.7,则表达式 x+a%3*(int)(x+y)%2/4 的结果是（　　）。

(A) 2.4 　　　　(B) 2.5 　　　　(C) 2.75 　　　　(D) 0

36. 下面程序的运行结果是（　　）。

```
int main()
{
    int i,j,m,n;
    i=8;j=10;
    m=++i;
    n=j++;
    printf("%d,%d,%d,%d",i,j,m,n);
    return 0;
}
```

(A) 8,10,8,10 　　(B) 9,11,8,10 　　(C) 9,11,9,10 　　(D) 9,10,9,11

37. 下面程序的运行结果是（　　）。

```
int main()
{
    int i,j;
    i=010;
    j=9;
    printf("%d,%d",i-j,i+j);
    return 0;
}
```

(A) 1,19 　　　　(B) -1,19 　　　　(C) 1,17 　　　　(D) -1,17

38. 下面程序的运行结果是（　　）。

```
int main()
{
```

```
    printf("%f%%",1.0/3);
    return 0;
}
```

(A) 0.3333333% (B) 0.33%

(C) 0.333333% (D) 0.333333%%

39. 已知以下程序：

```
int main()
{
    char ch;
    scanf("%3c",&ch);
    printf("%c",ch);
    return 0;
}
```

如果从键盘上输入 abc<回车>,则程序的运行结果是(   )。

(A) a   (B) b   (C) c   (D) 程序语法出错

40. 已知以下程序：

```
int main()
{
    int i,j;
    scanf("%2d%*3d%2d",&i,&j);
    printf("%d%4d",i,j);
    return 0;
}
```

如果从键盘上输入 12 345 67<回车>,则程序的运行结果是(   )。

(A) 12 67   (B) 12 345   (C) 12345   (D) 程序语法出错

41. 已知已执行语句"int x=100,y=200;",则语句"printf("%d",(x,y));"的输出结果是(   )。

(A) 200   (B) 100

(C) 100 200   (D) 输出格式符不够,输出不确定的值

42. 设已有语句"int x=10,y=3,z;",则语句"printf("%d\n",z=(x%y,x/y));"的输出结果是(   )。

(A) 1   (B) 0   (C) 4   (D) 3

43. C语言中判断 a 不等于 0 时为真的表达式为(   )。

(A) a<>0   (B) !a   (C) a=0   (D) a

44. C语言提供的合法的数据类型关键字是(   )。

(A) Double   (B) short   (C) integer   (D) Char

45. 表达式 10!=9 的值是(   )。

(A) true   (B) 非零值   (C) 0   (D) 1

46. 以下合法的 C 语言字符常量是(   )。

(A) '\t'   (B) "A"   (C) 65   (D) A

47. 下面程序的输出结果是(   )。

```
int main()
```

```
{
    int k = 11;
    printf("k = % d,k = % o,k = % x\n",k,k,k);
    return 0;
}
```

    (A) k＝11,k＝12,k＝11　　　　　　(B) k＝11,k＝13,k＝13

    (C) k＝11,k＝013,k＝0xb　　　　　(D) k＝11,k＝13,k＝b

48. 以下 4 组用户定义的标识符中,合法的一组是(　　　)。

    (A) Main,txt,_8_　　　　　　　　(B) If,int,US$

    (C) _float,4d,REAL　　　　　　　(D) k_2,_001,-max

49. 可在 C 程序中用作用户标识符的一组标识符是(　　　)。

    (A) and,_2007　　　　　　　　　(B) Date,y-m-d

    (C) Hi, Dr. Tom　　　　　　　　(D) case, Big

50. 以下叙述中错误的是(　　　)。

    (A) 用户所定义的标识符允许使用关键字

    (B) 用户所定义的标识符应尽量做到"见名知义"

    (C) 用户所定义的标识符必须以字母或下画线开头

    (D) 用户所定义的标识符中,大、小写字母代表不同的标识

51. 下列 4 组常数中,均是正确的八进制数或十六进制数的一组是(　　　)。

    (A) 016　0xbf　018　　　　　　　(B) 0abc 017 0xa

    (C) 010　−0x11 0x16　　　　　　(D) 0A1 27FF −123

52. 以下选项中合法的一组 C 语言数值常量是(　　　)。

    (A) 019,.6e3,0xf　　　　　　　　(B) 13.,6.5e0,0xa78

    (C) .77,4E1.5,011a　　　　　　　(D) 23L,−34U,10.000

53. 以下选项中不合法的字符常量是(　　　)。

    (A) '\018'　　　(B) '\"'　　　　　(C) '\\'　　　(D) '\xcc'

54. 以下选项中不属于字符常量的是(　　　)。

    (A) 'C'　　　(B) "C"　　　　　(C) '\xCC'　　　(D) '\072'

55. 以下选项中不能作为 C 语言合法常量的是(　　　)。

    (A) 'cd'　　　(B) 0115　　　　(C) "hello"　　　(D) '\011'

56. 若变量均已正确定义并赋值,下列合法的 C 语言赋值语句是(　　　)。

    (A) x＝y＝＝5;　(B) x＝n%2.5;　(C) x+n＝i;　(D) x＝5＝4+1;

57. 以下定义语句中正确的是(　　　)。

    (A) int a＝b＝0;　　　　　　　　(B) char A＝65+1,b＝'b';

    (C) float a＝1,"b＝&a,"c＝&b;　　(D) double a＝0.0;b＝1.1;

58. char 型变量存放的是(　　　)。

    (A) ASCII 代码值　　　　　　　　(B) 字符本身

    (C) 十进制代码值　　　　　　　　(D) 十六进制代码值

59. 以下选项中正确的定义语句是(　　　)。

    (A) double a;b;　　　　　　　　　(B) double a＝b＝7;

(C) double a＝7,b＝7;   (D) double,a,

60. 若函数中有定义语句"int k;",则(　　)。
   (A) 系统将自动给 k 赋初值 0
   (B) 这时 k 中值无定义,但有一个随机值
   (C) 系统将自动给 k 赋初值－1
   (D) 这时 k 中无任何值

61. 以下定义语句正确的是(　　)
   (A) char a＝'a',b＝"b";   (B) float a＝b＝10.0;
   (C) int a＝1,b＝2;   (D) double　int;

62. 表达式 3.6－5/2＋1.2＋5％2 的值是(　　)。
   (A) 4.3   (B) 4.8   (C) 3.3   (D) 3.8

63. 下列选项中,值为1的表达式是(　　)。
   (A) 1－'0'   (B) 1－'\0'   (C) '1'－0   (D) '\0'－'0'

64. 下列叙述中正确的是(　　)。
   (A) 强制类型转换运算的优先级高于算术运算
   (B) 若 a 和 b 是整型变量,(a＋b)＋＋是合法的
   (C) 'A' * 'B' 是不合法的
   (D) "A"＋"B" 是合法的

65. 若有定义语句"int x,y;",并已正确给变量赋值,则下列选项中与表达式 (x-y)?(x＋＋):(y＋＋)中的条件表达式(x－y)等价的是(　　)。
   (A) (x－y＞0)   (B) (x－y＜0)
   (C) (x－y＜0 ‖ x－y＞0)   (D) (x－y＝＝0)

66. 下列选项中,当 x 为大于1的奇数时,值为0的表达式是(　　)。
   (A) x％2＝＝1   (B) x/2   (C) x％2!＝0   (D) x％2＝＝0

67. 若变量已正确地定义并赋值,以下合法的 C 语言赋值语句是(　　)。
   (A) x＝y＝5;   (B) x＝n％2.5;
   (C) x＋n＝1   (D) x＝5＝4＋1;

68. 已知字母 A 的 ASCII 代码值为 65,若变量 ch 为 char 型,以下不能正确判断出 ch 中的值为大写字母的表达式是(　　)。
   (A) ch＞='A'＆＆ch＜='Z'   (B) !(ch＞='A' ‖ ch＜='Z')
   (C) (ch＋32)＞='a'＆＆(ch＋32)＜='z'   (D) ch＞=65＆＆ch＜=90

69. 设有定义语句"int x＝2;",以下表达式中,值不为6的是(　　)。
   (A) x * ＝x＋1   (B) x＋＋,2 * x
   (C) x * ＝(1＋x)   (D) 2 * x,x＋＝2

70. 表达式(int)((double)9/2)－(9)％2 的值是(　　)。
   (A) 0   (B) 3   (C) 4   (D) 5

71. 设有定义语句"float a＝2,b＝4,h＝3;",以下 C 语言表达式中与代数式 $\frac{1}{2}(a＋b)h$ 计算结果不相符的是(　　)。

(A) (a+b) * h/2　　　　　　　　　　　　(B) (1/2) * (a+b) * h

(C) (a+b) * h * 1/2　　　　　　　　　　(D) h/2 * (a+b)

72. 以下不能正确表示代数式 $\dfrac{2ab}{cd}$ 的 C 语言表达式是（　　　）。

(A) 2 * a * b/c/d　　　　　　　　　　(B) a * b/c/d * 2

(C) a/c/d * b * 2　　　　　　　　　　(D) 2 * a * b/c * d

73. 若有定义语句"int k,i=2,j=4;"，则表达式 k=(++i) * (j——) 的值是（　　　）。

(A) 8　　　　　(B) 12　　　　　(C) 6　　　　　(D) 9

74. 当整型变量 c 的值不为 2、4、6 时，值也为"真"的表达式是（　　　）。

(A) (c==2) ‖ (c==4) ‖ (c==6)

(B) (c>=2&&c<=6) ‖ (c!=3) ‖ (c!=5)

(C) (c>=2&&c<=6)&&!(c%2)

(D) (c>=2&&c<=6)&&(c%2!=1)

75. 若希望当 a 的值为奇数时，表达式的值为"真"，a 的值为偶数时，表达式的值为"假"。则不能满足要求的表达式是（　　　）。

(A) a%2==1　　　　　　　　　　　　(B) !(a%2==0)

(C) !(a%2)　　　　　　　　　　　　(D) a%2

76. 执行以下程序段后，w 的值为（　　　）。

```
int w = 'A',x = 14,y = 15; w = ((x||y)&&(w<'a'));
```

(A) -1　　　　　(B) NULL　　　　　(C) 1　　　　　(D) 0

77. 若 a 是数值类型，则逻辑表达式(a==1)||(a!=1)的值是（　　　）。

(A) 1　　　　　(B) 0　　　　　(C) 2　　　　　(D) 不知道 a 的值

78. 若有定义语句"int a=1,b=2,c=3,d=4,x=5,y=0;"，则表达式（x=a>b) ‖ (y==c>d)的值为（　　　）。

(A) 0　　　　　(B) 1　　　　　(C) 5　　　　　(D) 6

79. 设有定义语句"int a; float b;"，执行语句"scanf("%2d%f",&a,&b);"时，若从键盘输入 876543.0<CR>，a 和 b 的值分别是（　　　）。

(A) 876 和 543.000000　　　　　　　(B) 87 和 6543.000000

(C) 87 和 543.000000　　　　　　　(D) 76 和 6543.000000

80. 若在定义语句"int a,b,c, * p=&c;"之后，接着执行下列选项中的语句，则能正确执行的语句是（　　　）。

(A) scanf("%d",a,b,c);　　　　　　(B) scanf("%d%d%d",a,b,c);

(C) scanf("%d",p);　　　　　　　　(D) scanf("%d",&p);

81. C 语言中用于结构化程序设计的三种基本结构是（　　　）。

(A) 顺序结构、选择结构、循环结构　　(B) if、switch、break

(C) for、while、do-while　　　　　　(D) if、for、continue

82. 已知语句"int a=3,b=4,c=5;"，则下面的表达式中值为 0 的表达式是（　　　）。

(A) 'a'&&'b'　　　　　　　　　　　　(B) a<=b

(C) a ‖ b+c&&b-c　　　　　　　　　(D) !((a<b)&&!c ‖ 1)

83. 有如下面程序段：

```
int x = 35;
char z = 'A';
int B = ((x = 15)&&(z <'a'));
```

执行该程序段后,B 的值为(　　)。

    (A) 0　　　　　　　　(B) 1　　　　　　　　(C) 2　　　　　　　　(D) 3

84. C 语言中表示 $a \geqslant 0$ 且 $a \leqslant 10$ 的关系表达式是(　　)。

    (A) a>=0 and a<=10　　　　　　　(B) a>=0 & a<=10

    (C) 0<=a<=10　　　　　　　　　　(D) a>=0 && a<=10

85. 设 $a=5,b=6,c=5,d=8,m=2,n=2$,执行 $(m=a>b)\&\&(n=c>d)$ 后 n 的值为(　　)。

    (A) 1　　　　·　　(B) 2　　　　　　　　(C) 3　　　　　　　　(D) 0

86. 语句"printf("%d",(a=2) && (b=-2));"的输出结果是(　　)。

    (A) 无输出　　　(B) 结果不确定　　　(C) -1　　　　　　(D) 1

87. 能正确表示 a 和 b 同时为正或同时为负的逻辑表达式是(　　)。

    (A) (a>=0 || b>=0) && (a<0 || b<0)

    (B) (a>=0 && b>=0) && (a<0 && b<0)

    (C) (a+b>0 && a+b<=0)

    (D) a * b>0

88. 有如下面程序段：

```
int a = 14,b = 15,x;
char c = 'A';
x = (a&&(B))&& (c <'B');
```

执行该程序段后,x 的值为(　　)。

    (A) true　　　　　　(B) false　　　　　　(C) 0　　　　　　　　(D) 1

89. 以下条件表达式中能完全等价于条件表达式 x 的是(　　)。

    (A) (x==0)　　　(B) (x!=0)　　　(C) (x==1)　　　(D) (x!=1)

90. 若运行下面程序时,给变量 a 输入 15,则输出结果是(　　)。

```
int main()
{ int a,b;
  scanf("%d",&a);
  b = a>15?a + 10:a - 10;
  printf("%d\n",(B));
  return 0;
}
```

    (A) 5　　　　　　　　(B) 25　　　　　　　　(C) 15　　　　　　　(D) 10

91. 以下程序段的输出结果是(　　)。

```
int x = 1,y = 1,z = -1;
x += y += z;
printf("%d\n",x<y?y:x);
```

    (A) 1　　　　　　　　(B) 2　　　　　　　　(C) 4　　　　　　(D) 不确定的值

92. 以下程序的输出结果是(   )。

```
#include <stdio.h>
int main()
{
    int a,b,d = 241;
    a = d/100 % 6;
    b = 1 && (-1);
    printf("%d, %d\n",a,b);
    return 0;
}
```

(A) 6,1　　　　　(B) 2,1　　　　　(C) 6,0　　　　　(D) 2,0

93. 以下程序的输出结果是(   )。

```
int main()
{   int x = 3,y = 4,z = 4;
    printf("%d,",(x >= y >= z)?1:0);
    printf("%d\n",z >= y && y >= x);
    return 0;
}
```

(A) 0,1　　　　　(B) 1,0　　　　　(C) 1,1　　　　　(D) 0,0

94. 以下程序的输出结果是(   )。

```
int main()
{
    int a;
    char c = 10;
    float f = 100.0;
    double x;
    a = f/= c *= (x = 8.5);
    printf("%d %d %3.1f %3.1f\n",a,c,f,x);
    return 0;
}
```

(A) 1 85 1.5 8.5　　　　　　　　　(B) 1 85 1.2 8.5

(C) 2 85 1.2 8.5　　　　　　　　　(D) 2 85 1.0 8.5

95. 已知语句"char ch = 'A';",则以下表达式的值为(   )。

```
ch = (ch >= 'A'&&ch <= 'Z')?(ch + 32):ch
```

(A) A　　　　　(B) a　　　　　(C) Z　　　　　(D) z

参考答案

1. A　2. A　3. C　4. A　5. D　6. D　7. A　8. D　9. A　10. A

11. A　12. C　13. B　14. D　15. A　16. D　17. D　18. C　19. A　20. A

21. A　22. D　23. B　24. C　25. A　26. C　27. C　28. C　29. B　30. B

31. A　32. A　33. B　34. D　35. B　36. C　37. D　38. C　39. A　40. A

41. A　42. D　43. D　44. B　45. D　46. A　47. D　48. A　49. A　50. A

51. C　52. B　53. A　54. B　55. A　56. A　57. B　58. A　59. C　60. B

61. C　62. D　63. B　64. A　65. C　66. D　67. A　68. B　69. D　70. B

71. B   72. D   73. B   74. B   75. C   76. C   77. A   78. B   79. B   80. C

81. A   82. D   83. B   84. D   85. B   86. D   87. D   88. D   89. B   90. A

91. A   92. B   93. A   94. B   95. B

习题 2 选 择 结 构

1. C语言中为了避免嵌套的 if-else 语句的二义性，规定 else 总是与（　　）组成配对关系。

（A）缩排位置相同的 if   （B）在其之前未配对的 if

（C）在其之前未配对的最近的 if   （D）同一行上的 if

2. C语言中选择合法的判断 a 和 b 是否相等的 if 语句（设 int x,a,b,c;）是（　　）。

（A）if (a＝(B) x++;   （B）if (a＝<(B) x++;

（C）if (a!＝(B) x++;   （D）if (a＝>(B) x++;

3. 已知语句"int x＝10,y＝20,z＝30;"则执行

```
if (x > y)
    z = x;x = y;y = z;
```

语句后，x、y、z 的值是（　　）。

（A）x＝10,y＝20,z＝30   （B）x＝20,y＝30,z＝30

（C）x＝20,y＝30,z＝10   （D）x＝20,y＝30,z＝20

4. 执行下面程序的输出结果是（　　）。

```
int main()
{ int a = 5,b = 0,c = 0;
  if (a = a + (B)printf(" **** \n");
  else printf(" # # # #\n");
  return 0;
}
```

（A）有语法错误不能编译   （B）能通过编译,但不能通过连接

（C）输出 ****   （D）输出 # # # #

5. 执行下面程序的输出结果是（　　）。

```
int main()
{ int k = - 3;
  if (k < = 0) printf(" **** \n")
  else printf(" # # # #\n");
  return 0;
}
```

（A）# # # #   （B）****

（C）# # # # ****   （D）有语法错误不能通过编译

6. 执行下面程序的输出结果是（　　）。

```
int main()
{ int score = 90;
  char grand;
  if(score > = 60)grand = 'C';
```

```
if(score > = 70)grand = 'B';
if(score > = 80)grand = 'A';
else if(score > = 90)grand = 'a';
else grand = ' * ';
printf(" % c\n",grand);
return 0;
}
```

(A) C   (B) A   (C) a   (D) *

7. 执行下面程序的输出结果是(　　　)。

```
int main()
{ int x = 100,a = 10,b = 20,ok1 = 5,ok2 = 0;
  if (a < b)
  if (b!= 15)
  if (!ok1)
    x = 1;
  else
  if (ok2) x = 10;
    x = - 1;
    printf(" % d\n",x);
  return 0;
}
```

(A) −1   (B) 0   (C) 1   (D) 不确定的值

8. 执行下面程序的输出结果是(　　　)。

```
int main()
{ int a = 0,b = 1,c = 0,d = 20,x;
  if ((A)d = d - 10;
  else if (!b)
    if (!(C)x = 15;
    else x = 25;
  printf(" % d\n",d);
  return 0;
}
```

(A) 15   (B) 25   (C) 20   (D) 10

9. 执行下面程序的输出结果是(　　　)。

```
int main()
{ int a = - 1,b = 3,c = 3;
    int s = 0,w = 0,t = 0;
    if (c > 0) s = a + b;
    if (a < = 0)
    { if (b > 0)
      if (c < = 0) w = a - b;
    }
    else if (c > 0) w = a - b;
    else t = c;
    printf(" % d, % d, % d\n",s,w,t);
    return 0;
}
```

(A) 2,0,0   (B) 0,0,2

(C) 0,2,0   (D) 2,0,2

10. 运行下面程序时,从键盘输入"1605 <回车>",则输出结果是( )。

```
int main()
{ int t,h,m;
  scanf("%d",&t);
  h = (t/100) % 12;
  if (h == 0) h = 12;
  printf("%d:",h);
  m = t % 100;
  if (m < 10) printf("0");
  printf("%d",m);
  if (t < 1200 || t == 2400)
  printf("AM");
  else printf("PM");
  return 0;
}
```

(A) 6:05PM   (B) 4:05PM   (C) 16:05AM   (D) 12:05AM

11. 执行下面程序的输出结果是( )。

```
int main()
{ int m = 4;
  if (++m > 5) printf("%d\n",m--);
  else printf("%d\n", --m);
  return 0;
}
```

(A) 7   (B) 6   (C) 5   (D) 4

12. 若变量 c 为 char 类型,能正确判断 c 为数字字符的表达式是( )。

(A) 0 <= c <= 9   (B) (c >= 0) && (c <= 9)

(C) '0'<= c <= '9'   (D) (c >= '0') && (c <= '9')

13. 有如下程序:

```
int main()
{ float x,y;
  scanf("%f",&x);
  if (x < 0.0) y = 0.0;
  else if ((x < 5.0) && (x!= 2.0))
          y = 1.0/(x + 2.0);
      else if (x < 10.0) y = 1.0/x;
          else y = 10.0;
  printf("%f\n",y);
  return 0;
}
```

若运行时从键盘上输入 2.0 <回车>,则程序的输出结果是( )。

(A) 0.000000   (B) 0.250000   (C) 0.500000   (D) 1.000000

14. 下面程序中,当 j 的取值分别为 3,2,1 时,输出的结果是( )。

```
int main()
{ int j,p = 10;
  scanf("%d",&j);
  switch (j)
  { case 1:
```

```
        case 2: printf(" % d ",p++); break;
        case 3: printf(" % d ", -- p); }
    return 0;
}
```

(A) 9 10 10   (B) 9 8 7   (C) 10 10 9   (D) 9 9 9

15. 执行下面程序段后,变量 m 的值是(   )。

```
int a = 16,b = 21,m = 0;
switch(a % 3)
{ case 0:m++; break;
  case 1:m++;
  switch(b % 2)
  { default:m++;
    case 0:m++;break;}
}
```

(A) 1   (B) 2   (C) 3   (D) 4

16. 执行下面程序的输出结果是(   )。

```
int main()
{ int a = - 1,b = 1,k;
  if ((++a < 0) && (b -- <= 0))
    printf(" % d % d\n",a,b);
  else
    printf(" % d % d\n",b,a);
}
```

(A) -1 1   (B) 0 1   (C) 1 0   (D) 0 0

17. 与语句"y=(x>0? 1:x<0? -1:0);"功能相同的 if 语句是(   )。

(A) if (x>0) y=1;
        else if (x<0) y=-1;
        else y=0;

(B) if(x)
        if (x>0) y=1;
        else if (x<0) y=-1;
        else y=0;

(C) y=-1;
        if(x)
          if (x>0) y=1;
        else if (x==0) y=0;
          else y=-1;

(D) y=0;
        if (x>=0)
          if (x>0) y=1;
        else y=-1;

18. 有如下程序:

```
int main()
{ int x = 1,a = 0,b = 0;
  switch(x)
  {
    case 0: b++;
    case 1: a++;
    case 2: a++;b++;
  }
  printf("a = % d,b = % d\n",a,b);
  return 0;
}
```

该程序的输出结果是（　　）。

    （A）a＝2,b＝1　　　（B）a＝1,b＝1　　　（C）a＝1,b＝0　　　（D）a＝2,b＝2

19. 有如下程序：

```
int main()
{ float x = 5.0,y;
  if(x < 0.0) y = 0.0;
  else if (x < 10.0) y = 1.0/x;
  else y = 1.0;
  printf(" % f\n",y);
  return 0;
}
```

该程序的输出结果是（　　）。

    （A）0.000000　　　（B）0.50000　　　（C）0.200000　　　（D）1.000000

20. 有如下程序：

```
int main()
{ int a = 2,b = - 1,c = 2;
  if (a < b)
  if (b < 0) c = 0;
  else c++;
  printf(" % d\n",c);
  return 0;
}
```

该程序的输出结果是（　　）。

    （A）0　　　　　　（B）1　　　　　　（C）2　　　　　　（D）3

21. 执行下面程序段的输出结果是（　　）。

```
int n = 'c';
switch(n++)
{ default: printf("error"); break;
  case 'a': case 'A':
  case 'b':
  case 'B': printf("good");break;
  case 'c': case 'C': printf("pass");
  case 'd': case 'D': printf("warn");
}
```

    （A）good　　　　（B）passwarn　　　（C）pass　　　（D）goodpass

22. 能够完成如下函数计算的程序段是（　　）。

$$y = \begin{cases} -1 & x < 0 \\ 0 & x = 0 \\ 1 & x > 0 \end{cases}$$

    （A）y＝1;　　　　（B）if (x >= 0)　　　（C）y＝0;　　　（D）y＝－1;

```
    if(x!= 0)          if(x > 0) y = 1;      if (x >= 0)        if (x > 0) y = 1;
    if(x > 0) y = 1;   else y = 0;           if (x > 0) y = 1;  else y = 0;
    else y = 0;        else y = - 1;         else y = - 1;
```

23. 以下程序在运行时输入"5,2 <回车>"后的输出结果是（　　）。

```
int main()
```

```
{ int s,t,a,b;
  scanf("%d,%d",&a,&b);
  s=1;
  t=1;
  if (a>0) s=s+1;
  if (a>(B)t=s+t;
  else if (a==(B)t=5;
  else t=2*s;
  printf("s=%d,t=%d\n",s,t);
  return 0;
}
```

(A) s=2,t=4　　　　　　　　　　(B) s=2,t=3

(C) s=3,t=2　　　　　　　　　　(D) s=1,t=5

24. 执行下面程序的输出结果是(　　　)。

```
int main()
{ int x=0,y=1,z=0;
  if (x=z=y)
  x=3;
  printf("%d,%d\n",x,z);
  return 0;
}
```

(A) 3,0　　　　(B) 0,0　　　　(C) 0,1　　　　(D) 3,1

25. 运行下面程序时,若从键盘输入"3,4<回车>",则程序的输出结果是(　　　)。

```
int main()
{ int a,b,s;
  scanf("%d,%d",&a,&b);
  s=a;
  if (s<b)s=b;
  s=s*s;
  printf("%d\n",s);
  return 0;
}
```

(A) 14　　　　(B) 16　　　　(C) 18　　　　(D) 20

26. 运行下面程序时,从键盘输入"H",则程序的输出结果是(　　　)。

```
int main()
{ char ch;
  ch=getchar();
  switch(ch)
  { case 'H':printf("Hello!\n");
    case 'G':printf("Good morning!\n");
    defualt:printf("Bye_Bye!\n");
  }
  return 0;
}
```

(A) Hello!　　　　(B) Hello!　　　　(C) Hello!　　　　(D) Hello!

　　　　　　　　　　Good Morning!　　Good morning!　　Bye_Bye!

　　　　　　　　　　Bye_Bye!

27. 执行下面程序后，x 的值是（　　）。

```c
int main()
{ int x = 41, y = 1;
  if (++x % 3 == 0 && x % 7 == 0)
  { y += x; printf("y = % d\n", y); }
    else
    { y = x; printf("y = % d", y); }
    return 0;
}
```

(A) 41　　　　　　(B) 43　　　　　　(C) 42　　　　　　(D) 0

28. 执行下面程序的输出结果是（　　）。

```c
int main()
{ int x = 8, y = - 7, z = 9;
  if (x < y)
  if (y < 0) z = 0;
  else z -= 1;
  printf("% d\n", z);
  return 0;
}
```

(A) 8　　　　　　(B) 1　　　　　　(C) 9　　　　　　(D) 0

29. 执行下面程序的输出结果是（　　）。

```c
int main()
{ int a = 5, b = 60, c;
  if (a < b)
  { c = a * b; printf("% d * % d = % d\n", b, a, c); }
  else
  { c = b / a; printf("% d/ % d = % d\n", b, a, c); }
  return 0;
}
```

(A) 60/5＝12　　　　　　　　(B) 300

(C) 60 * 5＝300　　　　　　　(D) 12

30. 运行下面程序时，若从键盘输入数据"3,7,1<回车>"，则程序的输出结果是（　　）。

```c
int main()
{ float a, b, c, t;
  scanf("% f, % f, % f", &a, &b, &c);
  if (a > b)
    { t = a, a = b, b = t; }
  if (a > c)
    { t = a, a = c, c = t; }
  if (b > c)
    { t = b, b = c, c = t; }
  printf("% 5.2f\n% 5.2f\n% 5.2f\n", a, b, c);
  return 0;
}
```

(A) 7.00	(B) 1.00	(C) 1	(D) 7
3.00	3.00	3	3
1.00	7.00	7	1

31. 执行下面程序的输出结果是(   )。

```
int main()
{ int x = 3, y = 4, z = 4;
    printf(" % d,",(x >= y >= z)?1:0);
    printf(" % d\n",z >= y && y >= x);
    return 0;
}
```

  (A) 0,1   (B) 1,0   (C) 1,1   (D) 0,0

32. 运行下面程序段时,若从键盘输入"b<回车>",则程序的输出结果是(   )。

```
char c;
c = getchar();
if (c >= 'a' && c <= 'u') c = c + 4;
else if (c >= 'v' && c <= 'z') c = c - 21;
else printf("input error!\n");
putchar(c);
```

  (A) g   (B) w   (C) f   (D) d

33. 如果 c 为字符型变量,(   )可以判断 c 是否为空格。

  (A) if(c == 32) (B) if(c = ' ')   (C) if(c = '32') (D) if(c = '')

34. C 语言默认状态下用(   )表示逻辑"真"值。

  (A) true   (B) t 或 y   (C) 1   (D) 0

35. 执行下面程序段的输出结果是(   )。

```
int main()
{ int x,y = 1,z;
  if((z = y) < 0)
    x = 4;
  else if(y == 0) x = 5;
  else x = 6;
  printf(" % d, % d\n",x,y);
  return 0;
}
```

  (A) 6,0   (B) 6,1   (C) 5,1   (D) 4,1

参考答案

1. C 2. C 3. B 4. C 5. D 6. B 7. A 8. C 9. A 10. B
11. D 12. D 13. C 14. A 15. C 16. C 17. A 18. A 19. C 20. D
21. B 22. B 23. B 24. D 25. B 26. C 27. C 28. D 29. D 30. B
31. A 32. C 33. A 34. C 35. B

习题 3　循 环 结 构

1. C 语言中 while 和 do-while 循环的主要区别是(   )。

  (A) do-while 的循环体至少无条件执行一次

  (B) while 的循环控制条件比 do-while 的循环控制条件严格

(C) do-while 允许从外部转到循环体内

(D) do-while 的循环体不能是复合语句

2. 若 i、j 已定义为 int 类型,则以下程序段中内循环体的总的执行次数是(　　　)。

```
for (i = 5;i;i-- )
for (j = 0;j < 4;j++){…}
```

(A) 20　　　　　　(B) 25　　　　　　(C) 24　　　　　　(D) 30

3. 设 i、j、k 均为 int 型变量,则执行完下面的 for 循环后,k 的值为(　　　)。

```
for(i = 0,j = 10;i < = j;i++,j-- ) k = i + j;
```

(A) 12　　　　　　(B) 10　　　　　　(C) 11　　　　　　(D) 9

4. 当执行以下程序段时(　　　)。

```
x = - 1;
do { x = x * x;} while(!x);
```

(A) 循环体将执行一次　　　　　　　　(B) 循环体将执行两次

(C) 循环体将执行无限次　　　　　　　(D) 系统将提示有语法错误

5. 执行语句"for(i=1;i++＜4;);"后变量 i 的值是(　　　)。

(A) 3　　　　　　(B) 4　　　　　　(C) 5　　　　　　(D) 不定

6. 若输入字符串"abcde<回车>",则以下 while 循环体将执行(　　　)多少次。

```
while((ch = getchar())!= 'e') printf(" * ");
```

(A) 5　　　　　　(B) 4　　　　　　(C) 6　　　　　　(D) 1

7. 已知语句"int t=0;",则执行下面语句时,

```
while (t = 1) { … }
```

叙述中正确的是(　　　)。

(A) 循环控制表达式的值为 0　　　　　(B) 循环控制表达式的值为 1

(C) 循环控制表达式不合法　　　　　　(D) 以上说法都不对

8. 以下 for 循环是(　　　)。

```
for(x = 0,y = 0;(y!= 123) && (x < 4);x++)
```

(A) 无限循环　　　(B) 循环次数不定　　　(C) 执行 4 次　　　(D) 执行 3 次

9. 执行下面的程序后,a 的值为(　　　)。

```
int main()
{ int a,b;
  for(a = 1,b = 1;a < = 100;a++)
  { if(b > = 20) break;
    if(b % 3 == 1)
    { b+= 3;
      continue;
    }
    b -= 5;
  }
  return 0;
}
```

(A) 7　　　　　　(B) 8　　　　　　(C) 9　　　　　　(D) 10

10. 设 x 和 y 均为 int 型变量，则执行下面的循环后，y 的值为（　　　）。

```
for(y = 1,x = 1;y <= 50;y++)
{ if(x >= 10) break;
  if (x % 2 == 1)
  { x += 5; continue;}
  x -= 3;
}
```

(A) 2　　　　　　(B) 4　　　　　　(C) 6　　　　　　(D) 8

11. 下面关于 for 循环的正确描述是（　　　）。

(A) for 循环只能用于循环次数已经确定的情况

(B) for 循环的循环体可以是一个复合语句

(C) 在 for 循环中，不能用 break 语句跳出循环体

(D) for 循环的循环体不能是一个空语句

12. 以下叙述正确的是（　　　）。

(A) continue 语句的作用是结束整个循环的执行

(B) 只能在循环体内和 switch 语句体内使用 break 语句

(C) 在循环体内使用 break 语句或 continue 语句的作用相同

(D) 从多层循环嵌套中退出时，只能使用 goto 语句

13. 对下面程序段，描述正确的是（　　　）。

```
for(t = 1;t <= 100;t++)
{ scanf("% d",&x);
  if (x < 0) continue;
  printf("% d\n",t);
}
```

(A) 当 x<0 时，整个循环结束　　　　　(B) 当 x>=0 时，什么也不输出

(C) printf 函数永远也不执行　　　　　(D) 最多允许输出 100 个非负整数

14. 对下面程序段，叙述正确的是（　　　）。

```
int k = 0;
while (k = 0) k = k - 1;
```

(A) while 循环执行 10 次　　　　　(B) 无限循环

(C) 循环体一次也不被执行　　　　　(D) 循环体被执行一次

15. 若 i、j 已定义成 int 型，则以下程序段中内循环体的总执行次数是（　　　）。

```
for(i = 3;i;i--)
for(j = 0;j < 2;j++)
  for(k = 0;k <= 2;k++)
  {…}
```

(A) 18　　　　　　(B) 27　　　　　　(C) 36　　　　　　(D) 30

16. 下面程序段中，循环体的执行次数是（　　　）。

```
int a = 10,b = 0;
do {b += 2;a -= 2 + b;} while(a >= 0);
```

(A) 4　　　　　　(B) 5　　　　　　(C) 3　　　　　　(D) 2

17. 在下列选项中,没有构成死循环的程序段是(　　　)。

(A) int i = 100;
　　 while (1)
　　 { i = i % 100 + 1;
　　　 if (i > 100) break;
　　 }

(B) for(; ;);

(C) int k = 1000;
　　 do {++k;} while (k >= 1000);

(D) int s = 36;
　　　 while (s) -- s;

18. 执行下面程序的输出结果是(　　　)。

```
int main()
{ int a,b;
  for(a = 1,b = 1;a <= 100;a++)
  { if (b >= 10) break;
    if (b % 5 == 1) { b += 5; continue; } }
  printf("%d\n",a); return 0;
}
```

(A) 101 　　　(B) 6 　　　(C) 4 　　　(D) 3

19. 若 x 是 int 型变量,且有下面的程序段:

```
for(x = 3;x < 6;x++)
printf((x % 2)?("** %d"):("# # %d\n"),x);
```

执行上面程序段的输出结果是(　　　)。

(A) ** 3
　　 # # 4
　　 ** 5

(B) # # 3
　　 ** 4
　　 # # 5

(C) # # 3
　　 ** 4 # # 5

(D) ** 3 # # 4
　　 ** 5

20. 执行下面程序段的输出结果是(　　　)。

```
int k,j,s;
for(k = 2;k < 6;k++,k++)
{ s = 1;
  for(j = k;j < 6;j++)
    s += j;}
printf("%d\n",s);
```

(A) 1 　　　(B) 9 　　　(C) 11 　　　(D) 10

21. 已知语句"int n = 10;",则下列循环的输出结果是(　　　)。

```
while(n > 7)
{ n-- ; printf("%d\n",n);}
```

(A) 10
　　 9
　　 8

(B) 9
　　 8
　　 7

(C) 10
　　 9
　　 8
　　 7

(D) 9
　　 8
　　 7
　　 6

22. 执行下面程序的输出结果是(　　　)。

```
int main()
{ int x = 3;
```

```
    do {
      printf(" % d ",x -= 2);
      }while(!( -- x));
    return 0;
}
```

(A) 1　　　　　　　(B) 1 - 2　　　　　(C) 3 0　　　　　(D) 是死循环

23. 执行下面程序段的输出结果是(　　　)。

```
int k,n,m;
n = 10;m = 1;k = 1;
while (k < = n) {m * 2;k += 4;}
printf(" % d\n",m);
```

(A) 4　　　　　　　(B) 16　　　　　　(C) 8　　　　　　(D) 32

24. 设有如下程序段：

```
int i = 0, sum = 1;
do
{ sum += i++;}
while(i < 6);
printf(" % d\n", sum);
```

执行程序段的输出结果是(　　　)。

(A) 11　　　　　　(B) 16　　　　　　(C) 22　　　　　(D) 15

25. 执行下面程序的输出结果是(　　　)。

```
# include < stdio. h >
int main( )
{ int count,i = 0;
  for(count = 1; count < = 4; count++)
    {i += 2; printf(" % d",i);}
  return 0;
}
```

(A) 20　　　　　　(B) 246　　　　　(C) 2468　　　　(D) 2222

26. 执行下面程序的输出结果是(　　　)。

```
int main( )
{ unsigned int num,k;
  num = 26;k = 1;
  do {
      k * = num % 10;
      num/ = 10;
  } while(num);
  printf(" % d\n", k);
  return 0;
}
```

(A) 2　　　　　　　(B) 12　　　　　　(C) 60　　　　　(D) 18

27. 执行下面程序的输出结果为(　　　)。

```
int main( )
{ int x;
  for(x = 5;x > 0;x -- )
    if (x -- < 5) printf(" % d,",x);
```

```
else printf(" % d,",x++);
return 0;
}
```

(A) 4,3,1　　　　(B) 4,3,1,　　　　(C) 5,4,2　　　　(D) 5,3,1,

28. 执行下面程序段的输出结果是(　　)。

```
int i,j,m = 0;
for(i = 1;i < = 15;i += 4)
  for(j = 3;j < = 19;j += 4)
    m++;
printf(" % d\n",m);
```

(A) 12　　　　(B) 15　　　　(C) 20　　　　(D) 25

29. 运行以下程序后,如果从键盘上输入"65 14 <回车>",则输出结果是(　　)。

```
int main()
{ int m,n;
 printf("Enter m,n:");
 scanf(" % d % d",&m,&n);
 while (m!= n)
 { while (m > n) m -= n;
   while (n > m) n -= m;
 }
 printf("m = % d\n",m);
 return 0;
}
```

(A) m=3　　　　(B) m=2　　　　(C) m=1　　　　(D) m=0

30. 执行下面程序的输出结果是(　　)。

```
int main()
{ int x = 10,y = 10,i;
 for(i = 0;x > 8;y = ++i)
   printf(" % d % d ",x --,y);
 return 0;
}
```

(A) 10 1 9 2　　　　(B) 9 8 7 6　　　　(C) 10 9 9 0　　　　(D) 10 10 9 1

31. 执行下面程序的输出结果是(　　)。

```
int main()
{ int n = 4;
 while (n -- ) printf(" % d",n -- );
 return 0;
}
```

(A) 2 0　　　　(B) 3 1　　　　(C) 3 2 1　　　　(D) 2 1 0

32. 以下循环体的执行次数是(　　)。

```
int main()
{ int i,j;
 for(i = 0,j = 1; i < = j + 1; i += 2, j -- )
 printf(" % d \n",i);
 return 0;
}
```

(A) 3   (B) 2   (C) 1   (D) 0

33. 有如下程序：

```
int main()
{ int i,sum = 0;
  for(i = 1;i <= 3;sum++) sum += i;
  printf(" % d\n",sum);
  return 0;
}
```

执行该程序的输出结果是(   )。

    (A) 6   (B) 3   (C) 死循环   (D) 0

34. 执行下面程序的输出结果是 (   )。

```
int main()
{ int x = 23;
  do
  { printf(" % d",x -- ); }
    while(!x);
  return 0;
}
```

    (A) 321

    (C) 不输出任何内容   (B) 23

    (C) 不输出任何内容   (D) 陷入死循环

35. 执行下面程序的输出结果是(   )。

```
int main()
{ int i = 10,j = 0;
  do
  { j = j + 1; i -- ; }
  while(i > 2);
  printf(" % d\n",j);
  return 0;
}
```

    (A) 50   (B) 52   (C) 51   (D) 8

36. 设有以下程序：

```
int main()
{ int n1,n2;
  scanf(" % d",&n2);
  while (n2!= 0)
  { n1 = n2 % 10;
    n2 = n2/10;
    printf(" % d",n1);
  }
  return 0;
}
```

程序运行时，如果输入"1298"，则相应的输出结果是(   )。

    (A) 892   (B) 8921   (C) 89   (D) 921

37. 执行下面程序的输出结果是(   )。

```
int main()
{ int i;
```

```
for(i = 1;i < = 100;i++)
  if ((i * i > = 150) && (i * i < = 200))
    break;
printf(" % d\n",i * i);
return 0;
}
```

(A) 144   (B) 255   (C) 169   (D) 121

38. 执行下面程序段后,k 的值是(　　)。

```
int i,j,k;
for(i = 0,j = 10;i < j;i++,j-- )
  k = i + j;
```

(A) 9   (B) 11   (C) 8   (D) 10

39. 执行下面程序段的输出结果是(　　)。

```
for(i = 1;i < = 5;)
  printf(" % d",i);
i++;
```

(A) 12345   (B) 1234   (C) 15   (D) 无限循环

40. 执行下面程序段的输出结果是(　　)。

```
int n = 0;
while (n++< = 2)
printf(" % d",n);
```

(A) 012   (B) 123   (C) 234   (D) 错误信息

41. 执行下面程序的输出结果是(　　)。

```
int main()
{ int a = 1,b = 10;
  do
    { b -= a;a++;} while(b-- < 0);
    printf(" % d, % d\n",a,b);
    return 0;
}
```

(A) 3,11   (B) 2,8   (C) 1,−1   (D) 4,9

42. 以下不是无限循环的语句是(　　)。

(A) for(y＝0,x＝1;x＞＋＋y;x＝i＋＋) i＝x;

(B) for(;;x＋＋＝i);

(C) while(1) {x＋＋;}

(D) for(i＝10; ;i--) sum＋＝i;

43. 以下程序段(　　)。

```
x = - 1;
do
{ x = x * x; }
while (!x);
```

(A) 是死循环   (B) 循环执行两次

(C) 循环执行一次   (D) 有语法错误

44. 有以下程序：

```
int main()
{ int i, j;
  for(j = 10;j < 11;j++)
  { for(i = 9;i < j;i++)
    if (!(j % i)) break;
      if (i >= j - 1) printf(" % d",j);
  }
  return 0;
}
```

执行程序的输出结果是(   )。

(A) 11   (B) 10   (C) 9   (D) 10 11

45. 执行下面程序的输出结果是(   )。

```
int main()
{ int i, j, m = 0, n = 0;
  for(i = 0; i < 2; i++)
  for(j = 0; j < 2; j++)
    if (j >= i) m = 1; n++;
  printf(" % d \n",n);
  return 0;
}
```

(A) 4   (B) 2   (C) 1   (D) 0

参考答案

1. A   2. A   3. B   4. A   5. C   6. B   7. B   8. C   9. B   10. C
11. B   12. B   13. D   14. C   15. A   16. C   17. D   18. D   19. D   20. D
21. B   22. B   23. D   24. B   25. C   26. B   27. B   28. C   29. C   30. D
31. B   32. C   33. C   34. B   35. D   36. B   37. C   38. D   39. D   40. B
41. B   42. A   43. C   44. B   45. C

习题 4   数   组

1. 执行下面的程序段后，变量 k 的值为(   )。

```
int k = 3, s[2];
s[0] = k; k = s[1] * 10;
```

(A) 不定值   (B) 33   (C) 30   (D) 10

2. 执行下面程序的输出结果是(   )。

```
int main()
{ int a,b[5];
  a = 0; b[0] = 3;
  printf(" % d, % d\n",b[0],b[1]);
  return 0;
}
```

(A) 3,0   (B) 3   0   (C) 0,3   (D) 3,不定值

3. 设有数组定义语句"char array[]="Hello";"，则 strlen(array)的值为(   )。

(A) 4　　　　　　(B) 5　　　　　　(C) 6　　　　　　(D) 7

4. 执行下面程序的输出结果是(   )。

```
int main()
{ int i,j,a[3][3];
  for(i = 0;i < 3;i++)
  for(j = 0;j <= i;j++)
  a[i][j] = i * j;
  printf("%d,%d\n",a[1][2],a[2][1]);
  return 0;
}
```

(A) 2,2　　　　(B) 不定值,2　　　(C) 2　　　　(D) 2,0

5. 执行下面程序的输出结果是(   )。

```
int main()
{ int i,j,a[3][3];
  for(i = 0;i < 3;i++)
  for(j = 0;j < 3;j++) a[i][j] = i * j + 1;
  printf("%d,%d\n",a[1][2],a[2][1]);
  return 0;
}
```

(A) 3,3　　　　(B) 3,不定值　　　(C) 3　　　　(D) 3,1

6. 设有语句"char str[10]= "China";"，则数组 str 所占的存储空间为(   )。

(A) 4 字节　　　(B) 5 字节　　　(C) 6 字节　　　(D) 10 字节

7. 已知数组 a 的赋值情况如下所示,则执行语句"a[2]++;"后,a[1]和 a[2]的值分别是(   )。

a[0]	a[1]	a[2]	a[3]	a[4]
10	20	30	40	50

(A) 20 和 30　　(B) 20 和 31　　(C) 21 和 30　　(D) 21 和 31

8. 执行下面程序的输出结果是(   )。

```
int main()
{ char a[] = "clanguage",t;
  int i,j,k = strlen(a);
  for(i = 0;i <= k - 1;i += 1)
  for(j = i + 1;j < k;j += 1)
     if(a[i]> a[j])
   {t = a[i];a[i] = a[j];a[j] = t;}
  puts(a);
  printf("\n");
  return 0;
}
```

(A) clanguage　　(B) aacegglnu　　(C) egauganlc　　(D) cgalgnaue

9. 设有语句"char st[]="how are you";"，则以下语句合法的是(   )。

(A) char a[11]; strcpy(a,st);　　　　(B) char a[12]; strcpy(a,st[10]);

(C) char a[12]; strcpy(a,st);　　　　(D) char a[]; strcpy(a,st);

10. 执行下面程序的输出结果是(   )。

```c
int main()
{ int i,p = 0,a[10] = {1,5,9,0, - 3,8,7,0,1,2};
  for(i = 1;i < 10;i++)
    if(a[i]<a[p]) p = i;
  printf(" % d, % d\n",a[p],p);
  return 0;
}
```

(A) −3,4   (B) −3,5   (C) 9,2   (D) 2,9

11. 设有语句"int a[10]={0,1,2,3,4,5,6,7,8,9};",则数值不为 9 的表达式是(   )。

(A) a[10−1]   (B) a[8]   (C) a[9]−0   (D) a[9]−a[0]

12. 执行下面程序的输出结果是(   )。

```c
int main()
{ int n[5] = {0,0,0},i,k = 3;
  for(i = 0;i < k;i++)
  n[i] = i + 1;
  printf(" % d\n",n[k]);
  return 0;
}
```

(A) 不确定的值   (B) 4   (C) 2   (D) 0

13. 执行下面程序的输出结果是(   )。

```c
int main()
{ int a[3][3] = {{1,2},{3,4},{5,6}},i,j,s = 0;
  for(i = 1;i < 3;i++)
  for(j = 0;j <= i;j++)
  s += a[i][j];
  printf(" % d\n",s);
  return 0;
}
```

(A) 18   (B) 19   (C) 20   (D) 21

14. 执行下面程序的输出结果是(   )。

```c
int main()
{ int a[3][3] = {{1,2,3},{3,4,5},{5,6,7}},i,j,s = 0;
  for(i = 0;i < 3;i++)
  for(j = 0;j <= i;j++)
  s += a[i][j];
  printf(" % d\n",s);
  return 0;
}
```

(A) 36   (B) 16   (C) 26   (D) 21

15. 执行下面程序的输出结果是(   )。

```c
int main()
{ char ch[2][5] = {"6937","8254"};
  int i,j,s = 0;
  for(i = 0;i < 2;i++)
  for(j = 0;ch[i][j]!= '\0';j += 2)
      s = 10 * s + ch[i][j] - '0';
```

```
    printf("%d\n",s);
    return 0;
}
```

(A) 69825   (B) 63825   (C) 6385   (D) 693825

16. 执行下面程序的输出结果是(   )。

```
int main()
{ char ch[2][5] = {"6937","8254"};
    int i,j;long s = 0;
    for(i = 0;i < 2;i++)
    for(j = 0;ch[i][j]!= '\0';j++)
        s = 10 * s + ch[i][j] - '0';
    printf("%ld\n",s);
    return 0;
}
```

(A) 69825   (B) 693825   (C) 6385   (D) 69378254

17. 有如下程序：

```
int main()
{ char ch[80] = "123abcdEFG * &";
    int j;
    long s = 0;
    for(j = 0;ch[j]!= '\0';j++) ;
    printf("%d\n",j);
    return 0;
}
```

该程序的功能是(   )。

(A) 测字符数组 ch 的长度

(B) 将数字字符串 ch 转换成十进制数

(C) 将字符数组 ch 中的小写字母转换成大写字母

(D) 将字符数组 ch 中的大写字母转换成小写字母

18. 执行下面程序的输出结果是(   )。

```
int main()
{ int i,x[9] = {9,8,7,6,5,4,3,2,1};
    for(i = 0;i < 4;i += 2) printf("%d ",x[i]);
    return 0;
}
```

(A) 5 2   (B) 5 1   (C) 5 3   (D) 9 7

19. 执行下面程序的输出结果是(   )。

```
int main()
{ int i,x[3][3] = {9,8,7,6,5,4,3,2,1};
    for(i = 0;i < 3;i += 1) printf("%5d",x[1][i]);
    return 0;
}
```

(A) 6 5 4   (B) 9 6 3   (C) 9 5 1   (D) 9 8 7

20. 执行下面程序的输出结果是(   )。

```
int main()
```

```
{ char a[10] = {'1','2','3','\0','5','6','7','8','9',0};
  printf("%s\n",a);
  return 0;
}
```

(A) 123　　　　　　　(B) 1230　　　　　　(C) 123056789　　　　(D) 1230567890

21. 执行下面程序的输出结果是(　　　)。

```
int main()
{ int n[3][3],i,j;
  for(i = 0;i < 3;i++)
    for(j = 0;j < 3;j++)
      n[i][j] = i + j;
  for(i = 0;i < 2;i++)
    for(j = 0;j < 2;j++)
      n[i + 1][j + 1] += n[i][j];
  printf("%d\n",n[i][j]);
  return 0;
}
```

(A) 14　　　　　　　(B) 0　　　　　　　(C) 6　　　　　　　(D) 值不确定

22. 执行下面程序的输出结果是(　　　)。

```
int main()
{ char ch[3][4] = {"123","456","78"};
  int i;
  for(i = 0;i < 3;i++)
    printf("%s",ch[i]);
  return 0;
}
```

(A) 123456780　　　　　　　　　(B) 123 456 780

(C) 12345678　　　　　　　　　(D) 147

23. 执行下面程序的输出结果是(　　　)。

```
int main()
{ char p1[] = "abcd",p2[] = "efgh",str[50] = "ABCDEFG";
  strcat(str,p1); strcat(str,p2);
  printf("%s",str);
  return 0;
}
```

(A) ABCDEFGefghabcd　　　　　　(B) ABCDEFGefgh

(C) abcdefgh　　　　　　　　　(D) ABCDEFGabcdefgh

24. 执行下面程序的输出结果是(　　　)。

```
int main()
{ char p1[] = "abcd",p2[] = "efgh",str[50] = "ABCDEFG";
  strcat(str,p2); strcat(str,p1);
  printf("%s",str);
  return 0;
}
```

(A) ABCDEFGefghabcd　　　　　　(B) ABCDEFGefgh

(C) efghabcd　　　　　　　　　(D) ABCDEFGabcdefgh

25. 执行下面程序的输出结果是(   )。

```
#include <string.h>
int main()
{ char str1[20] = {'H','o','w',' ','\0','d','o'};
  strcat(str1,"is she");
  printf("%s\n",str1);
  return 0;
}
```

    (A) How is   (B) How is she   (C) How dois she   (D) Howis she

26. 执行下面程序的输出结果是(   )。

```
int main()
{ int a[] = {1,8,2,8,3,8,4,8,5,8};
  printf("%d,%d\n",a[4] + 3,a[4 + 3]);
  return 0;
}
```

    (A) 6,6   (B) 8,8   (C) 6,8   (D) 8,6

27. 如有语句"int a[]={1,8,2,8,3,8,4,8,5,8};",则数组 a 的长度是(   )。
    (A) 10   (B) 11   (C) 8   (D) 不定

28. 执行下面程序的输出结果是(   )。

```
int main()
{ int a[4][4] = {{1,2,3,4},{3,4,5,6},{5,6,7,8},{7,8,9,10}};
  int j,s = 0;
  for(j = 0;j < 4;j++)
    s += a[j][j];
  printf("%d\n",s);
  return 0;
}
```

    (A) 36   (B) 26   (C) 22   (D) 20

29. 当执行下面的程序时,如果输入"ABC",则程序的输出结果是(   )。

```
#include "stdio.h"
#include "string.h"
int main()
{ char ss[10] = "12345";
  gets(ss);
  strcat(ss,"6789");
  printf("%s\n",ss);
  return 0;
}
```

    (A) ABC6789   (B) ABC67   (C) 12345ABC6   (D) ABC45678

30. 执行下面程序段的输出结果是(   )。

```
int main()
{ char b[] = "Hello,you";
  b[5] = 0;
  printf("%s\n",b);
  return 0;
}
```

(A) Hello,you   (B) Hello   (C) Hello0you   (D) H

31. 若有语句"char str1[10],str2[10]={"books"};",则能将字符串 books 赋给数组 str1 的正确语句是(　　)。

    (A) str1="books";　　　　　　　　　　(B) strcpy(str1,str2);

    (C) str1=str2；　　　　　　　　　　　(D) strcpy(str2,str1)；

32. 执行下面程序的输出结果是(　　)。

```
# include < stdio. h>
# include < string. h>
int main()
{ char str[12] = {'s','t','r','i','n','g'};
  printf(" % d\n",strlen(str));
  return 0;
}
```

    (A) 6   (B) 7   (C) 11   (D) 12

33. 执行下面程序的输出结果是(　　)。

```
# include < stdio. h>
# include < string. h>
int main()
{ char s1[20] = "AbCdEf", s2[20] = "aB";
  printf(" % d\n",strcmp(s1,s2));
  return 0;
}
```

    (A) 正数   (B) 负数   (C) 零   (D) 不确定的值

34. 执行下面程序的输出结果是(注：字符串内无空格字符)(　　)。

```
printf(" % d\n",strlen("ATS\n012\1\\"));
```

    (A) 11   (B) 10   (C) 9   (D) 8

35. 执行下面程序的输出结果是(　　)。

```
char str[] = "ABCD";
printf(" % d\n",str[3]);
```

    (A) 68   (B) 0   (C) D   (D) 不确定的值

36. 下面各程序段中,能正确进行字符串赋值操作的选项是(　　)。

    (A) char st[4][5]={"ABCDE"};

    (B) char s[5]={'A','B','C','D','E','F'};

    (C) char s[10]; s={"ABCDE"};

    (D) char s[10]; scanf("%s",s);

37. 若有语句"char str1[]="string",str2[8],str3[6],str4[]="string";",则下面对函数 strcpy 的调用不合法的是(　　)。

    (A) strcpy(str1,"HELLO1");　　　　　　(B) strcpy(str2,"HELLO2");

    (C) strcpy(str3,"HELLO3");　　　　　　(D) strcpy(str4,"HELLO4");

38. 执行下面程序的输出结果是(　　)。

```
int main()
{ int a[10] = {4,8,11,6},b[4], i;
```

```
    for(i=0;i<4;i++)
  b[i]=a[i+1];
    printf("%d\n",b[2]);
    return 0;
  }
```

  (A) 4   (B) 8   (C) 11   (D) 6

39. 下述对 C 语言字符数组的描述中错误的是( )。

  (A) 字符数组可以存放字符串

  (B) 字符数组中的字符串可以整体输入、输出

  (C) 可以在赋值语句中通过赋值运算符"="对字符数组整体赋值

  (D) 不可以用关系运算符对字符数组中的字符串进行比较

40. 执行下面程序的输出结果是( )。

```
#include<stdio.h>
int main()
{ char b[]="ABCDEFG";
  char p=0;
  while(p++<7)
    putchar(b[p]);
  putchar('\n');
  return 0;
}
```

  (A) GFEDCBA   (B) BCDEFG   (C) ABCDEF   (D) GFEDCB

41. 执行下面程序的输出结果是( )。

```
int main()
{ char b[]="ABCDEFG";
  char p=0;
  while(p<7)
      putchar(b[p++]);
  putchar('\n');
  return 0;
}
```

  (A) GFEDCBA   (B) BCDEFG   (C) ABCDEFG   (D) GFEDCB

42. 有如下程序：

```
int main()
{ char str1[]="how do you do",str2[10];
  scanf("%s",str2);
  printf("%s",str2);
  printf("%s\n",str1);
  return 0;
}
```

运行时输入字符串"HOW DO YOU DO"，则相应的输出结果是( )。

  (A) HOW DO YOU DO   (B) HOWhow do you do

  (C) How how do you do   (D) how do you do

43. 执行下面程序的输出结果是( )。

```
#include<stdio.h>
```

```
# include < string. h>
int main()
{ char p1[10] = "abc",p2[ ] = "ABC",str[50] = "xyz";
  strcpy(str,strcat(p1,p2));
  printf(" % s\n",str);
  return 0;
}
```

(A) xyzABCabc　　　(B) abcABC　　　　(C) xyabcABC　　　(D) xyzabcABC

44. 执行下面程序的输出结果是(　　　)。

```
int main()
{ int a[10] = {1,2,3,4,5,6,7,8,9,10};
  printf(" % d\n",a[a[1] * a[2]]);
  return 0;
}
```

(A) 3　　　　　　(B) 4　　　　　　(C) 7　　　　　　(D) 2

45. 执行下面程序的输出结果是(　　　)。

```
int main()
{ int aa[3][3] = {{2},{4},{6}};
  int i,p = aa[0][0];
  for(i = 0;i < 2;i++)
  { if(i == 0)
    aa[i][i + 1] = p + 1;
    else ++p;
    printf(" % d",p);
  }
  return 0;
}
```

(A) 23　　　　　　(B) 26　　　　　　(C) 3　　　　　　(D) 36

46. 有如下程序段：

```
char str[ ] = "Hello";
char ptr[20];
strcpy(ptr,str);
```

执行程序后,ptr[5]的值为(　　　)。

(A) 'o'　　　　　　　　　　　　　　(B) '\0'

(C) 不确定的值　　　　　　　　　　(D) 'o'的 ASCII 码

47. 设有定义语句"static char str[ ]＝"Beijing";",则执行语句"printf("％d\n",strlen
(strcpy(str,"China")));"后的输出结果是(　　　)。

(A) 5　　　　　　(B) 7　　　　　　(C) 12　　　　　(D) 14

48. 执行下面程序时输入"ABC",程序的输出结果是(　　　)。

```
int main()
{ char ss[10] = "12345";
  strcat(ss,"6789");
  gets(ss); printf(" % s\n",ss);
  return 0;
}
```

(A) ABC   (B) ABC9

(C) 123456ABC   (D) ABC456789

49. 以下定义语句中，错误的是（   ）。

    (A) int a[]={1,2};   (B) char a[]={"test"};

    (C) char s[10]={"test"};   (D) int n=5,a[n];

50. 假定 int 类型变量占用 2 字节，若有定义语句"int x[10]={0,2,4};"，则数组 x 在内存中所占字节数是（   ）。

    (A) 3   (B) 6   (C) 10   (D) 20

51. 执行下面程序的输出结果是（   ）。

```
int main()
{ int i,a[10];
  for(i=9;i>=0;i--) a[i]=10-i;
  printf("%d%d%d",a[2],a[5],a[8]);
  return 0;
}
```

    (A) 258   (B) 741   (C) 852   (D) 369

52. 以下数组定义中不正确的是（   ）。

    (A) int a[2][3];

    (B) int b[][3]={0,1,2,3};

    (C) int c[100][100]={0};

    (D) int a[3][]={{1,2},{1,2,3},{1,2,3,4}};

53. 以下关于数组的描述正确的是（   ）。

    (A) 数组的大小是固定的，但可以有不同类型的数组元素

    (B) 数组的大小是可变的，但所有数组元素的类型必须相同

    (C) 数组的大小是固定的，所有数组元素的类型必须相同

    (D) 数组的大小是可变的，可以有不同类型的数组元素

54. 在定义"int a[5][4];"之后，对 a 的引用正确的是（   ）。

    (A) a[2][4]   (B) a[1,3]   (C) a[4][3]   (D) a[5][0]

55. 以下给字符数组 str 定义和赋值正确的是（   ）。

    (A) char str[10]; str={"China!"};

    (B) char str[ ]={"China!"};

    (C) char str[10]; strcpy(str,"abcdefghijkl");

    (D) char str[10]={"abcdefghijkl"};

56. 在执行语句"int a[][3]={1,2,3,4,5,6};"后，a[1][0]的值是（   ）。

    (A) 4   (B) 1   (C) 2   (D) 5

57. 当接收用户输入的含有空格的字符串时，应使用（   ）函数。

    (A) gets()   (B) getchar()   (C) scanf()   (D) printf()

58. 已知语句"int a[5][6];"，则数组 a 的第 10 个元素为（   ）（设 a[0][0]为第一个元素）。

    (A) a[2][5]   (B) a[2][4]   (C) a[1][3]   (D) a[1][5]

59. 以下程序执行时输入"Language Programming <回车>",则输出结果是(   )。

```
int main()
{ char str[30];
  scanf("%s",str);
  printf("str = %s\n",str);
  return 0;
}
```

（A）Language Programming   （B）Language

（C）str＝Language   （D）str＝Language Programming

60. 以下程序执行时输入"Language Programming <回车>",则输出结果是(   )。

```
int main()
{ char str[30];
  gets(str);
  printf("str = %s\n",str);
  return 0;
}
```

（A）Language Programming   （B）Language

（C）str＝Language   （D）str＝Language Programming

61. 执行下面程序的输出结果是(   )。

```
int main()
{ int a[ ] = {1,2,3,4,5},i,j,s = 0;
  j = 1;
  for(i = 4;i > = 0;i--)
  { s = s + a[i] * j; j = j * 10; }
    printf("s = %d\n",s);
}
```

（A）s＝12345   （B）s＝1 2 3 4 5   （C）s＝54321   （D）s＝5 4 3 2 1

62. 执行下面程序的输出结果是(   )。

```
int main()
{ int a[ ] = {1,2,3,4,5},i,j,s = 0;
  for(i = 0;i < 5;i++)
  s = s * 10 + a[i];
  printf("s = %d\n",s);
}
```

（A）s＝12345   （B）s＝1 2 3 4 5

（C）s＝54321   （D）s＝5 4 3 2 1

63. 执行下面程序的输出结果是(   )。

```
int main()
{ char str[ ] = "1a2b3c"; int i;
  for(i = 0;str[i]!= '\0';i++)
    if(str[i]> = '0'&&str[i]< = '9') printf("%c",str[i]);
  printf("\n");
  return 0;
}
```

（A）123456789   （B）1a2b3c   （C）abc   （D）123

64. 执行下面程序的输出结果是（　　）。

```
int main()
{ int a[4][5]={1,2,4,8,10,-1,-2,-4,-8,-10,3,5,7,9,11};
  int i,j,n=9;
  i=n/5; j=n-i*5-1;
  printf("%d\n",a[i][j]);
  return 0;
}
```

(A) -8　　　　　　(B) -10　　　　　(C) 9　　　　　　(D) 11

65. 下列一维数组说明中，不正确的是（　　）。

(A) int n; scanf("%d",&n); float b[n];　(B) float a[ ]={5,4,8,7,2};

(C) #define S 10　　　　　　　　　(D) float a[5+3],b[2*4];
　　int a[S+5];

66. 下列一组初始化语句中，正确的是（　　）。

(A) int a[8]={ };　　　　　　　　(B) int a[9]={0,7,0,4,8};

(C) int a[5]={9,5,7,4,0,2};　　　　(D) int a[7]=7*6;

67. 现要定义一个二维数组 c[M][N] 来存放字符串"Science"、"Technology"、"Education"和"Development"，则常量 M 和 N 的合理取值应为（　　）。

(A) 3 和 11　　　(B) 4 和 12　　　(C) 4 和 11　　　(D) 3 和 12

68. 下列初始化语句中，正确且与语句"char c[ ]="string";"等价的是（　　）。

(A) char c[ ]={'s','t','r','i','n','g'};

(B) char c[ ]='string';

(C) char c[7]={'s','t','r','i','n','g','\0'};

(D) char c[7]={'string'};

69. 设"static char str[5][4];"所说明的数组在静态存储区的十进制起始地址为100，则数组元素 str[4][3] 在静态存储区中的十进制地址为（　　）。

(A) 114　　　　(B) 138　　　　(C) 128　　　　(D) 119

70. 若"static float data[8][5];"所说明的数组在静态存储区中分配的十六进制起始地址为100H，则数组元素 data[3][4] 在静态存储区中的十六进制地址为（　　）（H 表示十六进制数）。

(A) 126H　　　(B) 11AH　　　(C) 14CH　　　(D) 134H

71. 若有语句"char c[7]={'s','t','r','i','n','g'};"，则对元素的非法引用是（　　）。

(A) c[0]　　　(B) c[9-6]　　　(C) c[4*2]　　　(D) c[2*3]

72. 若有语句"char c[10]={'E','a','s','t','\0'};"，则下述说法中正确的是（　　）。

(A) c[7]不可引用　　　　　　(B) c[6]可引用，但值不确定

(C) c[4]不可引用　　　　　　(D) c[5]可引用，其值为'\0'

73. 若有说明"char s1[ ]="That girl",s2[ ]="is beautiful";"，则使用函数 strcpy(s1,s2)后，结果是（　　）。

(A) s1 的内容更新为 That girl is beautiful

(B) s1 的内容更新为 is beautiful\0

(C) 有可能导致数据错误

(D) s1 的内容不变

74. 执行下面程序的输出结果是(   )。

```
int main()
{ char s1[30] = "The city",s2[] = "is beautiful";
  strcat(s1,s2);
  printf("%s\n",s1);
  return 0;
}
```

(A) The city is beautiful　　　　　(B) is beaut

(C) The city\0is beautiful　　　　(D) The city is beautiful

75. 执行下面程序段的输出结果是(   )。

```
char s1[10] = {'S','e','t','\0','u','p','\0'};
printf("%s",s1);
```

(A) Set　　　　(B) Setup　　　　(C) Set up　　　　(D) 'S''e''t'

76. 如有说明"char s1[5],s2[7];",要给数组 s1 和 s2 整体赋值,下列语句中正确的是(   )。

(A) s1=getchar(); s2=getchar();　　　(B) scanf("%s%s",s1,s2);

(C) scanf("%c%c",s1,s2);　　　　　　(D) gets(s1,s2);

77. 若有说明"char s1[]={"tree"},s2[]={"flower"};",则以下对数组元素或数组的输出语句中,正确的是(   )。

(A) printf("%s%s",s1[5],s2[7]);　　　(B) printf("%c%c",s1,s2);

(C) puts(s1);puts(s2);　　　　　　　(D) puts(s1,s2);

78. 设头文件< stdio. h>等均已正确包含,下面程序段的输出结果是(   )。

```
char s1[20] = "ancient";
char s2[] = "new";
strcpy(s1,s2);
printf("%d\n",strlen(s1));
```

(A) 3　　　　(B) 4　　　　(C) 6　　　　(D) 7

79. 执行下面程序的输出结果是(   )。

```
int main()
{ char s[] = "father";
  int i,j = 0;
  for(i = 1;i < 6;i++)
      if(s[j]> s[i]) j = i;
  s[j] = s[6];
  printf("%s\n",s);
  return 0;
}
```

(A) f　　　　(B) fa　　　　(C) father　　　　(D) fath

80. 执行下面程序段的输出结果是(   )。

```
int main()
{int i; char s1[6] = {"abcd"};
```

```
        strcpy(s1,"fg");
        for(i=0;i<6;i++)
          if(s1[i]!= '\0') s1[i] += 'N' - 'n';
        puts(s1);
        return 0;
      }
```

　　(A) fh　　　　　　　　(B) fg　　　　　　　　(C) FH　　　　　　　　(D) FG

81. 执行下面程序的输出结果是（　　）。

```
    int main()
    { char p[ ][10] = { "BOOL", "OPK", "H", "SP"};
      int i;
      for(i=3; i>=0; i--,i--) printf("%c", p[i][0]);
      printf("\n");
      return 0;
    }
```

　　(A) BOHS　　　　　　(B) SHOB　　　　　　(C) HB　　　　　　　　(D) SO

82. 执行下面程序的输出结果是（　　）。

```
    int main()
    { char s[ ] = "abcdefgh";
      int x,y;char c;
      for(x=0,y=strlen(s)-1;x<y;x++,y--)
          { c=s[x];s[x]=s[y];s[y]=c; }
      puts(s);
      return 0;
    }
```

　　(A) abcdefgh　　　(B) hgfdecba　　　(C) dcbahgfe　　　(D) hgfedcba

83. 合法的数组定义是（　　）。

　　(A) int a[]={"string"};　　　　　　(B) int a[5]={0,1,2,3,4,5};

　　(C) char a={"string"};　　　　　　(D) char a[]={0,1,2,3,4,5};

84. 若有定义和语句"char s[10];s="abcd";printf("%s\n",s);"，则程序运行后（　　）(以下 u 代表空格)。

　　(A) 输出 abcd　　　　　　　　　　(B) 输出 a

　　(C) 输出 abcduuuuu　　　　　　　(D) 编译不通过

85. 给出以下定义：

```
    char x[ ] = "abcdefg";
    char y[ ] = {'a','b','c','d','e','f','g'};
```

　　则正确的叙述为（　　）。

　　(A) 数组 x 和数组 y 等价　　　　　　(B) 数组 x 和数组 y 的长度相同

　　(C) 数组 x 的长度大于数组 y 的长度　　(D) 数组 x 的长度小于数组 y 的长度

参考答案

1. A　2. D　3. B　4. B　5. A　6. D　7. B　8. B　9. C　10. A
11. B　12. D　13. A　14. C　15. C　16. D　17. A　18. D　19. A　20. A

21. C 22. C 23. D 24. A 25. B 26. C 27. A 28. C 29. A 30. B
31. B 32. A 33. B 34. C 35. A 36. D 37. C 38. D 39. C 40. B
41. C 42. B 43. C 44. C 45. A 46. B 47. A 48. A 49. D 50. D
51. C 52. D 53. C 54. C 55. B 56. A 57. A 58. C 59. C 60. D
61. A 62. A 63. D 64. A 65. A 66. B 67. B 68. C 69. D 70. C
71. C 72. D 73. C 74. D 75. A 76. B 77. C 78. A 79. A 80. D
81. D 82. D 83. D 84. D 85. C

习题 5　函数和编译预处理

1. 在 C 语言中,全局变量的存储类别是(　　)。

(A) static　　　　　(B) extern　　　　　(C) void　　　　　(D) register

2. C 语言中,默认的局部变量的隐含存储类别是(　　)。

(A) 自动(auto)　　　　　　　　　(B) 静态(static)

(C) 外部(extern)　　　　　　　　(D) 寄存器(register)

3. 有如下函数调用语句"func(rec1,rec2+rec3,(rec4,rec5));",该函数调用语句中含有的实参个数是(　　)。

(A) 3　　　　　　(B) 4　　　　　　(C) 5　　　　　　(D) 有语法错误

4. 有如下函数调用语句"func(rec1,rec2+rec3,rec4,rec5);",该函数调用语句中含有的实参个数是(　　)。

(A) 3　　　　　　(B) 4　　　　　　(C) 5　　　　　　(D) 有语法错误

5. 有如下函数调用语句"func(rec1,rec2+rec3,func(rec1,rec2,rec3));",函数 func 的形参数个数是(　　)。

(A) 3　　　　　　(B) 4　　　　　　(C) 5　　　　　　(D) 有语法错误

6. 有如下程序:

```
int func(int a, int b)
{
    return(a + b);
}
int main()
{
    int x = 2, y = 5, z = 8, r;
    r = func((x - y), z);
    printf(" % d\n", r);
}
```

执行该程序的输出结果是(　　)。

(A) 10　　　　　　(B) 13　　　　　　(C) 5　　　　　　(D) 15

7. 以下函数返回 a 数组中最小值所在的下标,在画线处应填入的是(　　)。

```
int fun(int a[ ], int n)
{
    int i, j = 0, p;
    p = j;
```

```
        for(i = j;i < n;i++)
          if(a[i]< a[p])
            _____;
        return (p);
    }
```

(A) i＝p   (B) a[p]＝a[i]   (C) p＝j   (D) p＝i

8. 完善以下函数，使其功能为根据公式$(\pi * \pi)/6 = 1 + 1/(2*2) + 1/(3*3) + \cdots + 1/(n*n)$来计算 π 的值，适合填入空白处的内容为（　　）。

```
    # include "math. h"
    double pi(long n)
    {
      double s = 0.0; long i;
      for(i = 1;i < = n;i++)
        s = s + _____;
      return (sqrt(6 * s));
    }
```

(A) 1.0/i/i   (B) 1.0/i * i   (C) 1/(i * i)   (D) 1/i/i

9. 设主函数中的函数调用语句如下，且 fun 函数为 void 类型。正确的 fun 函数的首部应为（　　）（要求形参名为 b）。

```
    int main()
    {
      double s[10][22];
      int n;
      ……
      fun(s);
      ……
    }
```

(A) void fun(double b[22])   (B) void fun(double b[][22])

(C) void fun(double b[][])   (D) void fun(double b[22][])

10. 以下程序的输出结果是（　　）。

```
    void fun()
    {
      static int a = 0;
      a += 2;
      printf(" % d",a);
    }
    int main()
    {
      int cc;
      for(cc = 1;cc < 4;cc++)
        fun();
      printf("\n");
      return 0;
    }
```

(A) 2222   (B) 2468   (C) 222   (D) 246

11. 以下程序的输出结果是（　　）。

```
    int fun(int k);
```

```
int main()
{
    int w = 5;
    printf("%d\n", fun(w));
    return 0;
}
int fun (int k)
{
    int n = 0;
    if(k > 0) n = k + fun(k - 1);
    else n = 0;
    return n;
}
```

(A) 5 4 3 2 1 0   (B) 0 1 2 3 4 5   (C) 15   (D) 25

12. 以下程序的输出结果是(　　)。

```
int d = 1;
fun(int p)
{
    static int d = 5;
    d += p;
    printf("%d",d);
    return (d);
}
int main()
{
    int a = 3;
    printf("%d \n",fun(fun(d)));
    return 0;
}
```

(A) 6 11 11   (B) 6 6 9   (C) 6 12 12   (D) 6 6 15

13. 以下程序的输出结果是(　　)。

```
int a[3][3] = {1,2,3,4,5,6,7,8,9},b[10];
f (int s[],int p[ ][3])
{ s[0] = p[1][1]; }
int main()
{
    f(b,a);
    printf("%d\n",b[0]);
    return 0;
}
```

(A) 1   (B) 4   (C) 7   (D) 5

14. 以下程序的输出结果是(　　)。

```
int t(int x,int y,int cp,int dp)
{
    cp = x * x + y * y; dp = x * x - y * y;
}
int main()
{
    int a = 4,b = 3,c = 5,d = 6;
    t(a,b,c,d);
```

```
    printf("%d %d\n",c,d);
    return 0;
}
```

  (A) 16 9   (B) 4 3   (C) 5 6   (D) 25 9

15. 函数调用不可以(　　)。

  (A) 出现在执行语句中   (B) 出现在一个表达式中

  (C) 作为一个函数的实参   (D) 作为一个函数的形参

16. 以下程序的输出结果是(　　)。

```
long fun(int n)
{
    long s;
    if(n==1||n==2) s=2;
    else s=n-fun(n-1);
    return s;
}
int main()
{
    printf("%ld\n",fun(3));
    return 0;
}
```

  (A) 1   (B) 2   (C) 3   (D) 4

17. 若形参 n 的值为 24,则调用 prnt 函数后,最后一行输出(　　)个数。

```
void prnt(int n,int arr[])
{
    int i;
    for(i=1;i<=n;i++)
    {
        printf("%6d",arr[i]);
        if(!(i%5)) printf("\n");
    }
    printf("\n");
}
```

  (A) 2   (B) 3   (C) 4   (D) 5

18. 以下函数调用语句中含有实参个数为(　　)。

```
func((exp1,exp2),(exp3,exp4,exp5));
```

  (A) 1 个   (B) 2 个   (C) 4 个   (D) 5 个

19. C 语言中形参的缺省存储类别是(　　)。

  (A) 自动(auto)   (B) 静态(static)

  (C) 寄存器(register)   (D) 外部(extern)

20. 执行以下程序时输入"OPEN THE DOOR <回车>",则相应的输出结果是(　　)。

```
#include<stdio.h>
char fun(char c)
{ if (c<='Z' && c>='A') c-='A'-'a';
  return (c); }
int main()
{ char s[81]; int k=0;
```

```
        gets(s);
        while(s[k])
        { s[k] = fun(s[k]); putchar(s[k]); k++;}
        putchar('\n');
        return 0;
    }
```

(A) oPEN tHE dOOR   (B) open the door

(C) OPEN THE DOOR   (D) Open The Door

21. 执行以下程序后,相应的输出结果是( )。

```
    int f(int b[ ],int n)
    { int i,r = 1;
        for (i = 0;i < = n;i++) r = r * b[i];
        return r; }
    int main()
    { int x,a[] = {3,4,5,6,7,8,9};
        x = f(a,2);
        printf(" % d\n",x);
        return 0;
    }
```

(A) 720   (B) 120   (C) 60   (D) 24

22. 以下说法中正确的是( )。

(A) C 语言程序总是从第一个定义的函数开始执行

(B) 在 C 语言程序中,要调用的函数必须在 main()函数中定义

(C) C 语言程序总是从 main()函数开始执行

(D) C 语言程序中的 main()函数必须放在程序的开始部分

23. 执行以下程序执行后,相应的输出结果是( )。

```
    # include < stdio. h>
    f(int a)
    { int b = 0;
        static c = 3;
        a = c++;
        b++;
        return(a); }
    int main()
    { int a = 2,i,k;
        for(i = 0;i < 3;i++)
        k = f(a++);
        printf(" % d\n",k);
        return 0;
    }
```

(A) 3   (B) 0   (C) 5   (D) 4

24. 执行以下程序后,相应的输出结果是( )。

```
    fun3(int x)
    { int a = 3;
        a += x;
        return(a); }
    int main()
```

```
{ int k = 2, m = 1, n;
  n = fun3(k);
  n = fun3(m);
  printf(" % d\n", n);
  return 0;
}
```

    (A) 3   (B) 4   (C) 6   (D) 9

25. 下面程序的输出结果是( )。

```
int m = 13;
int fun(int x, int y)
{ int m = 3;
  return(x * y - m); }
int main()
{ int a = 7, b = 5;
  printf(" % d\n", fun(a,b)/m);
  return 0;
}
```

    (A) 1   (B) 2   (C) 7   (D) 10

26. C 语言规定, 程序中各函数之间( )。

    (A) 既允许直接递归调用也允许间接递归调用

    (B) 不允许直接递归调用也不允许间接递归调用

    (C) 允许直接递归调用不允许间接递归调用

    (D) 不允许直接递归调用允许间接递归调用

27. 若有函数调用语句"fun(a＋b,(x,y),fun(n＋k,d,(a,b)));", 则此语句中实参的个数是( )。

    (A) 3   (B) 4   (C) 5   (D) 6

28. 下面程序的输出结果是( )。

```
int w = 3;
int fun(int k)
{ if(k == 0) return w;
  return(fun(k - 1) * k);
}
int main()
{ int w = 10;
  printf(" % d\n", fun(5) * w);
  return 0;
}
```

    (A) 360   (B) 3600

    (C) 1080   (D) 1200

29. 下面函数的功能是( )。

```
sss(char s[ ], char t[ ])
{ int i = 0;
  while(t[i]) { s[i] = t[i]; i++; }
  s[i] = '\0';
}
```

（A）求字符串的长度　　　　　　　　（B）比较两个字符串的大小

（C）将字符串 s 复制到字符串 t 中　　（D）将字符串 t 复制到字符串 s 中

30. 设有如下程序：

```
float ggg(float x)
{ return (x * x); }
int main()
{ printf("_____\n",ggg(1.2)); return 0; }
```

则画线处应填入（　　　）。

（A）％f　　　　　　（B）％ld　　　　　　（C）％d　　　　　　（D）无法确定

31. 在调用函数时，如果实参是简单变量，它与对应形参之间的数据传递方式是（　　　）。

（A）地址传递

（B）单向值传递

（C）由实参传给形参，再由形参传回实参

（D）传递方式由用户指定

32. 在调用函数时，如果实参是数组名，它与对应形参之间的数据传递方式是（　　　）。

（A）地址传递　　　　　　　　　　　（B）单向值传递

（C）由实参传给形参，再由形参传回实参　（D）传递方式由用户指定

33. 以下程序的输出结果是（　　　）。

```
int a,b;
void fun()
{ a = 100; b = 200; }
int main()
{ int a = 5,b = 7;
  fun();
  printf("% d% d\n",a,b);
  return 0;
}
```

（A）100200　　　（B）57　　　　　（C）200100　　　（D）75

34. C 语言中规定函数的返回值的类型是由（　　　）。

（A）return 语句中的表达式类型所决定

（B）调用该函数时的主调用函数类型所决定

（C）调用该函数时系统临时决定

（D）在定义该函数时所指定的类型所决定

35. 对于 C 语言的函数，下列叙述中正确的是（　　　）。

（A）函数的定义不能嵌套，但函数调用可以嵌套

（B）函数的定义可以嵌套，但函数调用不能嵌套

（C）函数的定义和调用都不能嵌套

（D）函数的定义和调用都可以嵌套

36. 以下程序的输出结果是（　　　）。

```
func(int x)
{ int p;
  if(x == 0 || x == 1) return (3);
```

```
    p = x - func(x - 2);
    return p;
}
int main()
{ printf("% d\n",func(9)); return 0; }
```

(A) 7　　　　　　　　(B) 2　　　　　　　　(C) 0　　　　　　　　(D) 3

37. 以下程序的输出结果是(　　　)。

```
int func2(int a, int b)
{ int c;
    c = a * b % 3;
    return (c);
}
int func1(int a, int b)
{ int c;
    a += a; b += b;
    c = func2(a,b);
    return(c * c);
}
int main()
{ int x = 7, y = 17;
    printf("% d\n",func1(x,y));
    return 0;
}
```

(A) 7　　　　　　(B) 17　　　　　　(C) 4　　　　　　(D) 0

38. 以下函数 htoi 的功能是,将一个十六进制数字的字符串转换成与它等价的十进制整数值,画线处应填入(　　　)。

```
int htoi(char s[ ])
{ int i,n;
    n = 0;
    for(i = 0;s[i]!= '\0';i++)
    { s[i] = toupper(s[i]);
        if(s[i]>= '0'&&s[i]<= '9') n = n * 16 + s[i] - '0';
        if(s[i]>= 'A'&&s[i]<= 'Z') n = _____; }
    return (n);
}
```

(A) n * 16+s[i]−'A'　　　　　　　　　(B) n * 16+s[i]−'A'+10

(C) n * 16+s[i]−'a'　　　　　　　　　(D) n * 10+s[i]−'a'+10

39. 以下函数 strtod 的功能是,将一个十进制数字的字符串转换成与它等价的十进制整数值,画线处应填入(　　　)。

```
long strtod(char s[ ])
{ int i; long n;
    n = 0;
    for(i = 0;s[i]!= '\0';i++) n = _____;
    return(n); }
```

(A) n+s[i]−'0'　　　　　　　　　(B) n+s[i]

(C) n * 10+s[i]　　　　　　　　　(D) n * 10+s[i]−'0'

40. 阅读下面的程序：

```
int main()
{ int swap();
  int a,b;
  a = 3;b = 10; swap(a,b);
  printf("a = %d,b = %d\n",a,b);
  return 0;
}
swap(int a,int b)
{ int temp;
  temp = a; a = b; b = temp; }
```

下面说法中正确的是(　　)。

(A) 在 main()函数中调用 swap()后,能使变量 a 和 b 的值交换

(B) 在 main()函数中输出的结果是：a＝3,b＝10

(C) 程序第 2 行的语句"int swap();"是对 swap()函数进行调用

(D) swap()函数的类型是 void

41. 分析程序：

```
long func(int n)
{ long s = 1;
  s = s * n;
  return s; }
int main()
{ int i; long sum = 0;
  for(i = 1;i < 10;i++) sum += func(i);
  printf("sum = %ld\n",sum); }
```

则下面的说法中正确的是(　　)。

(A) 程序的输出结果是 1～10 的累加和

(B) 程序的输出结果是 1～10 的连乘积

(C) 程序的输出结果是 1～10 的阶乘之和

(D) 程序的输出结果是 10 的阶乘

42. 分析程序：

```
int sum(int k)
{ static x = 0;
  return x += k; }
int main()
{ int i,s;
  for(i = 1;i <= 10;i++) s = sum(i);
  printf("s = %d\n",s);
  return 0;
}
```

则下面的说法中正确的是(　　)。

(A) 程序的输出是 1＋(1＋2)＋…＋(1＋2＋3＋…＋10)的值

(B) 程序的输出是 1＋2＋3＋…＋10 的值

(C) 程序的输出结果是 s＝10

(D) 以上都不对

43. 以下函数 func()的功能是：使具有 n 个元素的一维数组 b 的每个元素的值都增加 2,画线处应填入(   )。

```
func(int b[ ],int n)
{ int i;
  for(i = 0;i < n;i++) _____; }
```

  (A) b[i++]   (B) b[i]++   (C) b[i+=2]   (D) b[i]+=2

44. 执行下面程序的输出结果是(   )。

```
int main()
{ int k,i,j,x = 0;
  static int a[8][8];
  for(i = 0;i < 3;i++)
      for(j = 0;j < 3;j++) a[i][j] = 2 * i + j;
  for(i = 0;i < 8;i++) x += a[i][i];
  printf("%d\n",x);
  return 0;
}
```

  (A) 9   (B) 不确定值 (C) 0   (D) 18

45. 设有如下函数定义：

```
int f(char s[ ])
{ int i = 0;
  while(s[i++]!= '\0');
  return (i-1); }
```

如果在主程序中用下面的语句调用上述函数,则相应的输出结果是(   )。

```
printf("%d\n",f("goodbye!"));
```

  (A) 3   (B) 6   (C) 8   (D) 9

46. 在以下叙述中,不正确的选项是(   )。

  (A) C 语言程序总是从 main()函数开始执行

  (B) 在 C 语言程序中,被调用的函数必须在 main()函数中定义

  (C) C 程序是函数的集合,包括标准函数和用户自定义函数

  (D) 在 C 语言程序中,函数的定义不能嵌套,但函数的调用可以嵌套

47. C 语言允许函数返回值类型缺省定义,此时该函数值隐含的类型是(   )。

  (A) float 型   (B) long 型

  (C) int 型   (D) double 型

48. 若主调用函数类型为 double,被调用函数定义中没有进行函数类型说明,而 return 语句中的表达式类型为 float 型,则被调函数返回值的类型是(   )。

  (A) int 型   (B) float 型

  (C) double 型   (D) 由系统情况而定

49. C 若函数调用时实参为基本数据类型的变量,以下叙述中正确的是(   )。

  (A) 实参与其对应的形参共占存储单元

  (B) 只有当实参与对应的形参同名时才共占存储单元

  (C) 实参与其对应的形参分别占用不同的存储单元

  (D) 实参将数据传递给形参后,立即释放原先占用的存储单元

50. 以下叙述中错误的是(　　　)。

(A) 函数未被调用时,系统将不为形参分配内存单元

(B) 实参与形参的个数应相等,且类型相同或赋值兼容

(C) 实参可以是常量、变量或表达式

(D) 形参可以是常量、变量或表达式

51. 以下叙述中错误的是(　　　)。

(A) 在同一 C 程序文件中,不同函数中可以使用同名变量

(B) 在 main 函数体内定义的变量是全局变量

(C) 形参是局部变量,函数调用完成即失去意义

(D) 若同一文件中全局变量和局部变量同名,则全局变量在局部变量作用范围内不起作用

52. 调用函数时,当实参和形参都是简单变量时,它们之间数据传递的过程是(　　　)。

(A) 实参将其地址传递给形参,并释放原先占用的存储单元

(B) 实参将其地址传递给形参,调用结束时形参再将其地址回传给实参

(C) 实参将其值传递给形参,调用结束时形参再将其值回传给实参

(D) 实参将其值传递给形参,调用结束时形参并不将其值回传给实参

53. 若函数调用时用数组名作为函数参数,以下叙述中错误的是(　　　)。

(A) 实参与其对应的形参共占用同一段存储空间

(B) 实参将其地址传递给形参,结果等同实现了参数之间的双向值传递

(C) 实参与其对应的形参分别占用不同的存储空间

(D) 在调用函数中必须说明数组的大小,但在被调函数中可以使用不定大小的数组

54. 如果一个函数位于 C 程序文件的上部,在该函数体内,说明语句后的复合语句中定义了一个变量,则该变量(　　　)。

(A) 为全局变量,在本程序文件范围内有效

(B) 为局部变量,只在该函数内有效

(C) 为局部变量,只在该复合语句中有效

(D) 定义无效,为非法变量

55. 以下叙述中错误是(　　　)。

(A) 使用 static float a 定义的外部变量存放在内存中的静态存储区

(B) 使用 float b 定义的外部变量存放在内存中的动态存储区

(C) 使用 static float c 定义的内部变量存放在内存中的静态存储区

(D) 使用 float d 定义的内部变量存放在内存中的动态存储区

56. 以下正确的函数首部是(　　　)。

(A) double fun(int x,y)　　　　(B) double fun(int x, int y)

(C) double fun(int x, int y);　　(D) double fun(int x; y)

57. 阅读下列程序:

```
#include<stdio.h>
int f(char s[ ])
```

```
{
    int i,j;
    i = 0;j = 0;
    while(s[j]!= '\0') j++;
    return (j - i);
}
int main()
{
    printf(" % d\n",f("ABCDEF"));
    return 0;
}
```

上面程序的输出结果是(   )。

    (A) 0   (B) 6   (C) 7   (D) 8

58. 已知某一个函数定义如下：void   calculate()｛函数体｝,则表示(   )。

    (A) 该函数不做任何工作

    (B) 函数没有返回值

    (C) 函数返回一个暂时不能确定类型的数据

    (D) 以上均不正确

59. 以下叙述中错误的是(   )。

    (A) 在不同函数中可以使用相同名字的变量

    (B) 形式参数是局部变量

    (C) 在函数内定义的变量只在本函数范围内有效

    (D) 在函数内的复合语句中定义的变量在本函数范围内有效

60. 如果在一个函数的复合语句中定义了一个变量,则该变量(   )。

    (A) 只在该复合语句中有效   (B) 在该函数中有效

    (C) 在本程序范围内均有效   (D) 为非法变量

61. 以下叙述中错误的是(   )。

    (A) 在 C 语言中,函数中的自动变量可以赋初值,每调用一次函数,赋一次初值

    (B) 在 C 语言中,在调用函数时,实参和对应形参在类型上只需赋值兼容

    (C) 在 C 语言中,外部变量的隐含类别是自动存储类别

    (D) 在 C 语言中,函数形参可以说明为 register 变量

62. 建立函数的目的之一是(   )。

    (A) 提高程序的执行效率   (B) 提高程序的可读性

    (C) 减少程序的篇幅   (D) 减少程序文件所占的内存

63. 以下叙述中正确的是(   )。

    (A) 用户若需调用标准库函数,调用前必须重新定义

    (B) 用户可以重新定义标准库函数,若如此,则该函数将失去原有含义

    (C) 系统根本不允许用户重新定义标准库函数

    (D) 若需调用标准库函数,调用前不必使用预编译命令将该函数所在文件包含到
        源文件中,系统自动去调

64. 以下程序的运行结果是( )。

```
# include < stdio. h >
void num( )
{ extern int x, y;
   int a = 15, b = 10;
     x = a - b;
     y = a + b;
}
int x , y;
void main( )
{ int a = 7, b = 5;
   x = a + b;
   y = a - b;
   num( );
   printf("%d, %d\n", x, y);
}
```

(A) 5,25　　　　　(B) 不确定　　　　(C) 12,2　　　　(D) 1,12

65. 若调用一个函数,且此函数中没有 return 语句,则该函数( )。

(A) 没有返回值　　　　　　　　　(B) 返回若干系统默认值

(C) 能返回一个用户所希望的函数值　　(D) 返回一个不确定的值

66. 以下叙述中正确的是( )。

(A) 定义函数时,形参的类型说明可以放在函数体内

(B) return 语句后边的值不能为表达式

(C) 如果函数值的类型与返回值的类型不一致,以函数值类型为准

(D) 如果形参与实参的类型不一致,以实参类型为准

67. 以下程序的运行结果是( )。

```
# include < stdio. h >
int f( int a)
{ int b = 0; static int c = 3;
  b++; c++;
  return(a + b + c);
}
int main( )
{ int a = 2, i;
  for (i = 0; i < 3; i++) printf("%4d", f(a));
  return 0;
}
```

(A) 7 7 7　　　(B) 7 8 9　　　(C) 7 9 11　　　(D) 7 10 13

68. 以下程序的运行结果是( )。

```
# include < stdio. h >
int main( )
{ int k = 4, m = 1, p;
   int func( int a, int b);
   p = func(k, m); printf("%d, ", p);
   p = func(k, m); printf("%d\n", p);
   return 0;
}
```

```
int func(int a, int b)
{ static int m = 0, i = 2;
  i += m + 1;
  m = i + a + b;
  return(m);
}
```

(A) 8，8 　　　　(B) 8，20 　　(C) 8，18 　　　　(D) 8，17

69. 若用数组名作为函数调用的实参,传递给形参的是(　　)。

(A) 数组的首地址 　　　　　　　(B) 数组第一个元素的值

(C) 数组中全部元素的值 　　　　(D) 数组元素的个数

70. 若用一维数组名作函数实参,则以下叙述中正确的是(　　)。

(A) 必须在主调函数中说明此数组的大小

(B) 实参数组类型与形参数组类型可以不匹配

(C) 在被调函数中,不需要考虑形参数组的大小

(D) 实参数组名与形参数组名必须一致

71. 凡是函数中未指定存储类别的局部变量,其隐含的存储类别是(　　)。

(A) 自动(auto) 　　　　　　　(B) 静态(static)

(C) 外部(extern) 　　　　　　(D) 寄存器(register)

72. 在一个C源程序文件中,若定义一个只允许本源文件中所有函数使用的全局变量,则定义该变量时需要使用(　　)。

(A) extern 　　　(B) register 　　　(C) auto 　　　(D) static

73. 以下叙述中错误的是(　　)。

(A) 预处理命令行都必须以#开始

(B) 凡是以#开始的语句行都是预处理命令

(C) 程序在执行过程中对预处理命令进行处理

(D) 宏替换不占用运行时间,只占编译时间

74. 以下程序的运行结果是(　　)。

```
#include <stdio.h>
#define ADD(x) x + x
int main()
{
  int m = 1, n = 2, k = 3;
  int sum = ADD(m + n) * k;
  printf("%d", sum);
  return 0;
}
```

(A) 9 　　　　(B) 10 　　　　(C) 12 　　　　(D) 18

75. 以下程序的运行结果是(　　)。

```
#include <stdio.h>
#define MIN(x,y) (x)<(y)?x:y
int main()
{
  int i = 12, k;
  k = MIN(i, 5 + 6) * 10;
```

```
        printf("%d",k);
        return 0;
    }
```

  (A) 110   (B) 120   (C) 65   (D) 11

76. 以下叙述中错误的是(   )。

  (A) 宏名无类型

  (B) 宏替换只是字符替换

  (C) 使用带参数的宏时,参数可以是任意类型

  (D) 宏名必须用大写字母表示

77. 当#include 后面的文件名用<>括起来时,寻找被包含文件的方式为(   )。

  (A) 仅搜索源程序所在文件夹

  (B) 仅搜索当前文件夹

  (C) 先搜索源程序所在文件夹,再按系统设定的标准方式搜索

  (D) 直接按系统设定的标准方式搜索

78. 阅读下列程序:

```
# include < stdio.h>
# define SUB(X,Y) (X) * Y
main()
{ int a = 3,b = 4;
    printf("%d\n",SUB(a++,b++));
}
```

程序的输出结果是(   )。

  (A) 12   (B) 15   (C) 16   (D) 20

79. 以下程序的输出结果是(   )。

```
#define MIN(x,y) (x)<(y)?(x):(y)
int main()
{
    int i,j,k;
    i = 10;j = 1;
    k = 10 * MIN(i,j);
    printf("%d",k);
    return 0;
}
```

  (A) 1   (B) 100   (C) 10   (D) 150

80. 以下程序的输出结果是(   )。

```
# include < stdio.h>
#define ADD(y) 3.54 + y
#define PR((A)printf("%d",(int)(a)))
#define PR1((A)PR(a);putchar('\n'))
int main()
{
    int i = 4;
    PR1(ADD(5) * i);
    return 0;
}
```

(A) 20   (B) 23   (C) 10   (D) 0

81. 以下程序在宏展开后,赋值语句 s 的形式是( )。

```c
#define R 3.0
#define PI 3.14159
int main()
{
    float s;
    s = PI * R * R;
    printf("s = % f\n",f);
    return 0;
}
```

(A) s＝3.14159 * 3.0 * 3.0   (B) s＝PI * 3.0 * 3.0

(C) s＝PI * R * R   (D) s＝3.14159 * R * R

82. 以下程序的输出结果是( )。

```c
#define A 3
#define B((A) ((A + 1) * a)
int main()
{
    int x;
    x = 3 * (A + B(7));
    printf("x = % 4d\n",x);
    return 0;
}
```

(A) x＝96   (B) x＝93   (C) x＝63   (D) x＝121

83. 以下程序的输出结果是( )。

```c
#define POWER(x) ((x) * (x))
int main()
{
    int i = 1;
    while (i <= 4) printf(" % d",POWER(i++));
    return 0;
}
```

(A) 1 2   (B) 4 16   (C) 2 12   (D) 2 6 12

84. C 语言的编译系统对宏命令的处理( )。

(A) 在程序运行时进行的

(B) 在程序连接时进行的

(C) 和 C 程序中的其他语句同时进行编译

(D) 在对源程序中的其他语句正式编译之前进行

85. 以下叙述中正确的是( )。

(A) 在程序的一行中可以出现多个有效的预处理命令行

(B) 使用带参宏时,参数的类型应与宏定义时的一致

(C) 宏替换不占用运行时间,只占编译时间

(D) 宏定义不能出现在函数内部

86. 阅读下列程序：

```
# include < stdio. h >
# define MAX_COUNT 4
int main()
{
    int count, i = 0;
    for(count = 1; count <= MAX_COUNT; count++)
        i += 2; printf("%d", i);
    return 0;
}
```

上述程序的输出结果是(　　)。

(A) 20　　　　　(B) 8　　　　　(C) 10　　　　　(D) 22

87. 执行下面的程序后, a 的值是(　　)。

```
# define SQR(X) X * X
int main()
{
    int a = 10, k = 2, m = 1;
    a/ = SQR(k + m)/SQR(k + m);
    printf("%d\n", a);
    return 0;
}
```

(A) 10　　　　　(B) 1　　　　　(C) 9　　　　　(D) 0

88. 设有以下宏定义：

```
# define N 3
# define Y(n) ((N + 1) * n)
```

则执行语句"z＝2 * (N＋Y(5＋1));"后, z 的值为(　　)。

(A) 出错　　　　　(B) 42　　　　　(C) 48　　　　　(D) 54

89. 以下程序的输出结果是(　　)。

```
# include < stdio. h >
# define PT 5.5
# define S(x) PT * x * x
int main()
{ int a = 1, b = 2;
    printf("%4.1f\n", S(a + b));
    return 0;
}
```

(A) 49.5　　　　　(B) 9.5　　　　　(C) 22.0　　　　　(D) 45.0

90. 以下程序的输出结果是(　　)。

```
# define f(x) x * x
int main()
{ int a = 6, b = 2, c;
    c = f(a)/f(b);
    printf("%d\n", c);
    return 0;
}
```

(A) 9　　　　　(B) 6　　　　　(C) 36　　　　　(D) 18

91. 以下程序的输出结果是(　　)。

```
#define MA(x) x*(x-1)
int main()
{ int a=1,b=2;
  printf("%d \n",MA(1+a+b));
  return 0;
}
```

(A) 6　　　　　(B) 8　　　　　(C) 10　　　　　(D) 12

92. 有如下程序：

```
#define N 2
#define M N+1
#define NUM 2*M+1
int main()
{ int i;
  for(i=1;i<=NUM;i++) printf("%d\n",i);
  return 0;
}
```

该程序中的 for 循环执行的次数是(　　)。

(A) 5　　　　　(B) 6　　　　　(C) 7　　　　　(D) 8

93. 以下程序的输出结果是(　　)。

```
#define MAX(x,y) (x)>(y)?(x):(y)
int main()
{ int a=5,b=2,c=3,d=3,t;
  t=MAX(a+b,c+d)*10;
  printf("%d\n",t);
  return 0;
}
```

(A) 6　　　　　(B) 5　　　　　(C) 7　　　　　(D) 70

94. 以下程序的输出结果是(　　)。

```
#define M(x,y,z) x*y+z
int main()
{ int a=1,b=2,c=3;
  printf("%d\n",M(a+b,b+c,c+a));
  return 0;
}
```

(A) 19　　　　　(B) 17　　　　　(C) 15　　　　　(D) 12

95. 执行以下程序段后,变量 x 和 y 的值是(　　)。

```
#define EX(a,b){float t;t=a;a=b;b=t;}
float x=5.2,y=9.6;
EX(x,y);
```

(A) 10 和 5　　　　　(B) 9.6 和 5.2　　　　　(C) 出错　　　　　(D) 9 和 2

参考答案

1. A　2. A　3. A　4. B　5. A　6. C　7. D　8. A　9. B　10. D
11. C　12. C　13. D　14. C　15. D　16. A　17. C　18. B　19. A　20. B

21. C 22. C 23. C 24. B 25. B 26. A 27. A 28. B 29. D 30. A

31. B 32. A 33. B 34. D 35. A 36. A 37. C 38. B 39. D 40. B

41. A 42. B 43. D 44. A 45. C 46. B 47. C 48. A 49. C 50. D

51. B 52. D 53. C 54. C 55. B 56. B 57. B 58. B 59. D 60. A

61. C 62. B 63. B 64. A 65. D 66. C 67. B 68. D 69. A 70. A

71. A 72. D 73. C 74. B 75. C 76. D 77. D 78. A 79. A 80. B

81. A 82. B 83. C 84. D 85. C 86. B 87. B 88. C 89. B 90. C

91. B 92. B 93. C 94. D 95. B

习题 6 指 针

1. 若已定义"int a[]={0,1,2,3,4,5,6,7,8,9}, * p=a,i;",其中 0≤i≤9,则对 a 数组元素不正确的引用是(   )。

　　(A) a[p−a]　　　　　(B) *(&a[i])　　　(C) p[i]　　　　　(D) a[10]

2. 已知指针 p 的指向如右下图所示,则执行语句" * --p;"后," * p"的值是(   )。

　　(A) 30　　　　　(B) 20　　　　　(C) 19　　　　　(D) 29

a[0]	a[1]	a[2]	a[3]	a[4]
10	20	30	40	50

p↑

3. 下面程序的输出结果是(   )。

```
int main()
{ char string1[20],string2[20] = {"ABCDEF"};
  strcpy(string1,string2);
  printf(" % s\n",string1 + 3);
  return 0;
}
```

　　(A) EF　　　　　(B) DEF　　　　　(C) CDEF　　　　(D) ABCDEF

4. 下面程序的输出结果是(   )。

```
int main()
{ char string1[20] = "How do you do!";
  char string2[20] = {"are you!"};
  strcpy(string1 + 4,string2);
  printf(" % s\n",string1);
  return 0;
}
```

　　(A) Howare you!　　　　　　　　　(B) are you!

　　(C) How are you!　　　　　　　　(D) How do you do! are you!

5. 下面程序的输出结果是(   )。

```
int main()
{ int a[3][3],i, * pmul;
  pmul = &a[0][0];
  for(i = 0;i < 9;i++) pmul[i] = i + 1;
  printf(" % d\n",a[1][2]);
```

```
        return 0;
    }
```

(A) 3   (B) 6   (C) 9   (D) 随机数

6. 有如下程序段"int *p,a=10,b=1; p=&a; a=*p+b;",执行该程序段后,a 的值为( )。

(A) 12   (B) 11   (C) 10   (D) 编译出错

7. 若有定义"char s[20]="programming", *ps=s;",则不能代表字符'o'的表达式是( )。

(A) ps+2   (B) s[2]

(C) ps[2]   (D) ps+=2,*ps

8. 有以下函数:

```
char * fun(char * p)
{ return p; }
```

该函数的返回值是( )。

(A) 无确切的值   (B) 形参 p 中存放的地址值

(C) 一个临时存储单元的值   (D) 形参 p 自身的地址值

9. 有说明"int a[10]={1,2,3,4,5,6,7,8,9,10}, *p=a;",则数值为 9 的表达式是( )。

(A) *(p+9)   (B) *(p+8)   (C) *p+=9   (D) p+8

10. 下面程序的输出结果是( )。

```
int main()
{ char a[10] = {9,8,7,6,5,4,3,2,1,0}, * p = a + 5;
  printf("% d", * -- p);
  return 0;
}
```

(A) 非法   (B) a[4]的地址   (C) 5   (D) 3

11. 下面程序的输出结果是( )。

```
int main()
{ int a[] = {1,2,3,4,5,6,7,8,9,0}, * p;
  p = a;
  printf("% d\n", * p + 9);
  return 0;
}
```

(A) 0   (B) 1   (C) 10   (D) 9

12. 设有如下定义:

```
int arr[] = {6,7,8,9,10};
int * ptr;
```

则下面程序的输出结果为( )。

```
ptr = arr;
 * (ptr + 2) += 2;
printf("% d, % d\n", * ptr, * (ptr + 2));
```

(A) 8,10   (B) 6,10   (C) 7,9   (D) 6,8

13. 设有定义语句"int a＝3，b，＊p＝&a;"，则下列语句中使 b 不为 3 的语句是(   )。

  (A) b＝＊&a; (B) b＝＊p;   (C) b＝a;   (D) b＝＊a;

14. 设指针 x 指向的整型变量值为 25，则语句"printf("％d\n"，＋＋＊x);"的输出是(   )。

  (A) 23   (B) 24   (C) 25   (D) 26

15. 若有说明语句"int i，j ＝7，＊p＝&i;"，则与 i＝j 等价的语句是(   )。

  (A) i＝＊p;   (B) ＊p＝＊&j; (C) i＝&j;   (D) i＝＊＊p;

16. 若有说明语句"int a[10]，＊p＝a;"，对数组元素的正确引用是(   )。

  (A) a[p]   (B) p[a]   (C) ＊(p＋2) (D) p＋2

17. 下列各语句行中，能正确进行赋字符串操作的语句是(   )。

  (A) char s[5]＝{"ABCDE"};

  (B) char s[5]＝{'A'，'B'，'C'，'D'，'E'};

  (C) char ＊s; s＝"ABCDE";

  (D) char ＊s; scanf("％s"，&s);

18. 若有定义及语句"double r＝99，＊p＝&r;＊p＝100;"，则以下叙述中正确的是(   )。

  (A) 以上两处的 ＊p 含义相同，都说明给指针变量 p 赋值

  (B) 在"double r＝99，＊p＝&r;"中，把 r 地址赋给了 p 所指的存储单元

  (C) 语句"＊p＝100;"将 100 赋值给指针变量 p

  (D) 语句"＊p＝100;"将 100 赋值给变量 r

19. 以下程序执行后，a 的值是(   )。

```
int main()
{ int a,k = 4,m = 6, * p1 = &k, * p2 = &m;
  a = p1 == &m;
  printf(" % d\n",a);
  return 0;
}
```

  (A) 4   (B) 1

  (C) 0   (D) 运行时出错，a 无定值

20. 若有语句"char a[10]＝{"abcd"}，＊p＝a;"，则 ＊(p＋4)的值是(   )。

  (A) "abcd" (B) 'd'   (C) '\0'   (D) 不能确定

21. 下面程序的输出结果是(   )。

```
int main()
{ int a[ ] = {2, 4, 6}, * p = &a[0], x = 8, y = 2, z;
  z = ( * (p + y)<x) ? * (p + y) : x;
  printf(" % d\n",z);
  return 0;
}
```

  (A) 2   (B) 4   (C) 6   (D) 8

22. 下面程序的输出结果是(   )。

```
int main()
```

```
{ int a[] = {2,4,6,8}, * p = a, i;
  for(i = 0; i < 4; i++) a[i] = * p++;
  printf(" % d\n",a[2]);
  return 0;
}
```

    (A) 6   (B) 8   (C) 4   (D) 2

23. 若有如下定义和语句,则输出结果是( )。

    char * a = "ABCD"; printf(" % s", a);

    (A) A   (B) AB   (C) ABC   (D) ABCD

24. 设有两条语句"int a, * P=&a;"和" * P=a;",则下列叙述中正确的是( )。
    (A) 两条语句中的" * P"含义完全相同
    (B) 两条语句中的" * P=&a"和" * P=a"功能完全相同
    (C) 第一条语句中的" * P=&a"是定义指针变量 P 并对其初始化
    (D) 第二条语句中的" * P=a"是将 a 的值赋予变量 P

25. 设有定义语句"int x, * p=&x;",则下列表达式中错误的是( )。
    (A) * &x   (B) & * x   (C) * &p   (D) & * p

26. 设有定义语句"float s[10], * p1=s, * p2=s+5;",下列表达式中错误的是( )。
    (A) p1=0xffff   (B) p2--   (C) p1-p2   (D) p1 <=p2

27. 设有下列定义语句"char s[ ]={"12345"}, * p=s;",下列表达式中错误的是( )。
    (A) * (p+2)   (B) * (s+2)   (C) p="ABCD"   (D) s="ABC"

28. 下面程序的输出结果是( )。

```
int main()
{ char * a[6] = {"AB", "CD", "EF", "GH", "IJ", "KL"};
  int i;
  for(i = 0; i < 4; i++) printf(" % s",a[i]);
  printf("\n");
  return 0;
}
```

    (A) ACEG   (B) ABCDEFGH
    (C) EGIK   (D) EFGHIJKL

29. 下面的变量定义中错误的是( )。
    (A) char * p="string";   (B) int a[ ]={'A', 'B', 'C'};
    (C) float * q=&b, b;   (D) double a, * r=&a;

30. 设有变量定义语句"int k=2, * p=&k, * q=&k;",则下列表达式中错误的是( )。
    (A) k= * p+ * q   (B) k=p+q
    (C) p=q   (D) * p= * p * (* q)

31. 设有变量定义语句"int a[2][3];",能正确表示数组 a 中元素地址的表达式是( )。
    (A) a[1]+3   (B) * (a+2)   (C) * (a[1]+2)   (D) * (a+1)

32. 设有变量定义语句"int b[5];",则能正确引用数组 b 中元素的表达式是(   )。

(A) * &b[5]　　　(B) b+2　　　(C) *(b+2)　　　(D) *(*(b+3))

33. 执行下列程序段后,变量 w 和 * p 的值是(   )。

```
int b[ ] = {2, 3, 5, 9, 11, 13}, * p = b;
w = ++( * ++p);
```

(A) 3 和 3　　　(B) 4 和 3　　　(C) 3 和 4　　　(D) 4 和 4

34. 设有变量定义语句"double b[5], * pb=b;",则能正确表示数组 b 中元素的地址的表达式是(   )。

(A) b　　　(B) pb+5　　　(C) &b[5]　　　(D) &b

35. 设有变量定义"char * lang[ ]={"FOR", "BAS", "JAVA", "C"};",表达式 * lang[1]> * lang[3]的值是(   )。

(A) 0　　　(B) 1　　　(C) 非零　　　(D) 负数

36. 已有函数说明"int min(int a, int b);",为了让函数指针 p 指向函数 min,正确的赋值方式是(   )。

(A) p=&min　　　(B) p=min　　　(C) * p=min　　　(D) * p=&min

37. C若有说明语句"int a[2][4]={2, 4, 6, 8, 10, 12, 14, 16}, * p=a[0];",则表达式" * (* (a+1)+2)+ * (p+1)"的值是(   )。

(A) 12　　　(B) 16　　　(C) 18　　　(D) 20

38. 若有说明语句"char s[ ]={'A', 'B', 'C', 'D'}, * p=s, c;",则执行语句"c= * ++p;"后,变量 c 的值(   )。

(A) 'A'　　　(B) 'B'　　　(C) 'C'　　　(D) 'D'

39. 若有说明语句"int a[5]={2, 3, 5, 7, 11}, * p=a+4;",下列不能正确引用数组 a 的元素的表达式是(   )。

(A) * (--p)　　　(B) * (p--)　　　(C) * (p++)　　　(D) * (++p)

40. 若有变量定义语句"int a[ ]={1, 3, 5, 7, 9, 11, 13}, x, * p=a+2;",在以下表达式中,使变量 x 的值为 7 的表达式是(   )。

(A) x= * (p++)　　　　　　　(B) x= * (－－p)

(C) x= * (++p)　　　　　　　(D) x= * (p－－)

41. 若有变量定义语句"int a[4][3], * p=a[2];",则表达式 p+2 指向的数组元素是(   )。

(A) a[0][1]　　　(B) a[1][1]　　　(C) a[2][2]　　　(D) a[3][0]

42. 若有以下定义和语句:

```
char * s1 = "12345", * s2 = "1234";
printf("% d\n",strlen(strcpy(s1,s2)));
```

则输出结果是(   )。

(A) 4　　　(B) 5　　　(C) 9　　　(D) 10

43. 下面程序的输出结果是(   )。

```
void func(int * a, int b[ ])
{ b[0] = * a + 6; }
```

```
int main()
{ int a, b[5];
  a = 0; b[0] = 3;
  func(&a, b);
  printf(" % d\n", b[0]);
  return 0;
}
```

(A) 6   (B) 7   (C) 8   (D) 9

44. 已有程序段"int * p, a＝10, b＝1; p＝&a; a＝* p+b;",执行该程序段后,a 的值为( )。

(A) 12   (B) 11   (C) 10   (D) 编译出错

45. 以下程序的输出结果是( )。

```
int main()
{ int a[] = {1, 2, 3, 4, 5, 6, 7, 8, 9, 10, 11, 12};
  int * p = a + 5, * q = a;
  * q = * (p + 5);
  printf(" % d % d\n", * p, * q);
  return 0;
}
```

(A) 运行后报错   (B) 6 6   (C) 6 11   (D) 5 5

46. 以下程序的输出结果是( )。

```
int main()
{ char ch[3][4] = {"123", "456", "78"}, * p[3];
  int i;
  for(i = 0; i < 3; i++) p[i] = ch[i];
  for(i = 0; i < 3; i++) printf(" % s", p[i]);
  return 0;
}
```

(A) 123456780   (B) 123 456 780   (C) 12345678   (D) 147

47. 以下程序的输出结果是( )。

```
int main()
{ char * p1, * p2, str[50] = "ABCDEFG";
  p1 = "abcd"; p2 = "efgh";
  strcpy(str + 1, p2 + 1); strcpy(str + 3, p1 + 3);
  printf(" % s", str);
  return 0;
}
```

(A) AfghdEFG   (B) Abfhd   (C) Afghd   (D) Afgd

48. 若已定义"int a[9], * p=a;",并在以后的语句中未改变 p 的值,不能表示 a[1] 地址的表达式是( )。

(A) p+1   (B) a+1   (C) a++   (D) ++p

49. 以下程序的输出结果是( )。

```
int main()
{ char a[10] = {'1','2','3','4','5','6','7','8','9',0}, * p;
  int i = 8; p = a + i;
  printf(" % s\n", p - 3);
```

```
      return 0;
    }
```

(A) 6　　　　　　　(B) 6789　　　　　(C) '6'　　　　　(D) 789

50. 下列程序的输出结果是(　　　)。

```
int main()
{ int a[3][3], * p, i; p = &a[0][0];
  for(i = 0; i < 9;i++) p[i] = i + 1;
  printf(" % d\n",a[1][2]);
  return 0;
}
```

(A) 3　　　　　　　(B) 6　　　　　　(C) 9　　　　　　(D) 随机数

51. 下列程序的输出结果是(　　　)。

```
void fun(int * x, int * y)
{ printf(" % d % d ", * x, * y); * x = 3; * y = 4; }
int main()
{ int x = 1, y = 2;
  fun(&x,&y);
  printf(" % d % d",x,y);
  return 0;
}
```

(A) 2 1 4 3　　　　(B) 1 2 1 2　　　　(C) 1 2 3 4　　　　(D) 2 1 1 2

52. 以下程序的输出结果是(　　　)。

```
int main()
{ char * s = "abcde";
  s += 2;
  printf(" % s\n", s);
  return 0;
}
```

(A) abcde　　　　　(B) c　　　　　　(C) cde　　　　　(D) 出错

53. 已定义"char b[5], * p=b;",下列正确的赋值语句是(　　　)。

(A) b="abcd";　　　　　　　　　(B) * b="abcd";

(C) p="abcd";　　　　　　　　　(D) * p="abcd";

54. 已定义"char s[10], * p=s;",下列错误的赋值语句是(　　　)。

(A) p=s+5;　　　　　　　　　　(B) s=[p+5];

(C) s[2]=p[4];　　　　　　　　 (D) * p=s[1];

55. 下列程序的输出结果是(　　　)。

```
int main()
{ char * p[4] = {"abcd", "efgh", "ijkl", "mnop"};
  int i;
  for(i = 0; i < 2; i++)
  printf(" % s",p[i]);
  printf("\n");
  return 0;
}
```

(A) ab　　　　　　　(B) ae　　　　　　(C) abef　　　　　(D) abcdefgh

56. 现有定义语句"char c1,c2, * p=&c1, * q=&c2;",下列正确的赋值语句是( )。

(A) p * =3;   (B) p／=q;   (C) p+=3;   (D) p+=q;

57. 下列程序段执行后,变量 i 的正确结果是( )。

```
int i; char * s = "a\045 + 045\'b";
for(i=0; * s++; i++);
```

(A) 7   (B) 8   (C) 9   (D) 10

58. 已知定义"int a[ ]={1, 2, 3, 4}, y, * p=&a[1];",执行"y=(* - -p)++;"后,y 的值是( )。

(A) 0   (B) 1   (C) 2   (D) 3

59. 已知定义"int b[ ]={ 1, 2, 3, 4}, y, * p=b; ",执行"y= * p++;"后,y 的值是( )。

(A) 1   (B) 2   (C) 3   (D) 4

60. C 语言的说明语句"char * p[5];"的含义是( )。

(A) p 是一个指针数组,其数组的每一个元素是指向字符的指针

(B) p 是一个指针,指向一个数组,数组的元素为字符型

(C) A 和 B 均不对,但它是 C 语言正确的语句

(D) C 语言不允许这样的说明语句

61. 若有说明语句"char ch , * p1, * p2=&ch, * p3;",则不能正确赋值的程序语句是( )。

(A) p1=&ch; scanf("%c",p1);   (B) scanf("%c",p2);

(C) * p3=getchar();   (D) p3=&ch; * p3=getchar();

62. 下列程序的输出结果是( )。

```
int main()
{ int a[ ] = {1,2,3,4,5,6}, * p;
  p = a;
   * (p + 3) += 2;
  printf("%d, %d\n", * p, * (p + 3));
  return 0;
}
```

(A) 0,5   (B) 1,5   (C) 0,6   (D) 1,6

63. 与说明语句"int * p[4];"等价的语句是( )。

(A) int p[4];   (B) int * p;

(C) int * (p[4]);   (D) int (* p)[4];

64. 说明语句"int * swap ();"的含义是( )。

(A) 一个返回整型值的函数 swap

(B) 一个返回指向整型值指针的函数 swap

(C) 一个指向函数 swap()的指针,函数返回一个整型值

(D) 以上说法都是错误的

65. 假设已有如下定义语句:

```
char c[8] = "Tianjin", * s = c;
int i;
```

则下面输出语句中错误的是( )。

    (A) printf("%s\n",s);
    (B) printf("%s\n",*s);
    (C) for(i=0;i<8;i++)
    (D) for(i=0;i<8;i++)
        printf("%c",c[i]);
        printf("%c",s[i]);

66. 下列程序的输出结果是( )。

```
void func(int * a,int b[])
{ b[0]= * a+6;}
int main()
{ int a,b[5];
  a=0;b[0]=3;
  func(&a,b);
  printf("%d\n",b[0]);
  return 0;
}
```

    (A) 6   (B) 7   (C) 8   (D) 9

67. 若有以下说明和语句,其输出结果是( )。

```
char * sp = "\x69\082\n";
printf("%d",strlen(sp));
```

    (A) 3   (B) 5
    (C) 1   (D) 字符串中有非法字符,输出值不定

68. 若有说明语句"char * strp="string";",则不能表示字符串中的字符引用的是( )。

    (A) *strp   (B) *(strp+i)   (C) strp[i]   (D) strp

69. 下面程序的输出结果是( )。

```
# include <stdio.h>
# include <string.h>
int main()
{ char * p1 = "abc", * p2 = "ABC", str[50] = "xyz";
  strcpy(str+2,strcat(p1,p2));
  printf("%s\n",str);
  return 0;
}
```

    (A) xyzabcABC   (B) zabcABC
    (C) yzabcABC   (D) xyabcABC

70. 下面程序的输出结果是( )。

```
void prtv(int * x)
{ ++ * x;}
int main()
{ int a=25;
  prtv(&a);
  printf("%d\n",a);
  return 0;
}
```

    (A) 23   (B) 24   (C) 25   (D) 26

71. 下列程序的输出结果是( )。

```
char s1[4] = "12";
char * ptr;
ptr = s1;
printf(" % c\n", * (ptr + 1));
```

　(A) 字符'2'　　　　(B) 字符'1'　　　　(C) 字符'2'的地址　(D) 不确定

72. 执行下列程序段后, y 的值是( )。

```
static int a[ ] = {1,3,4,5,7,9};
int x, y, * ptr;
y = 1;
ptr = &a[1];
for(x = 0; x < 3; x++)
y * = * (ptr + x);
```

　(A) 105　　　　　(B) 15　　　　　(C) 60　　　　　(D) 无定值

73. 以下程序的输出结果是( )。

```
static char  a[ ] = "program";
char * ptr = a;
for(;ptr < a + 7;ptr += 2)
putchar( * ptr);
```

　(A) program　　　(B) porm　　　　(C) por　　　　(D) 有语法错误

74. 执行以下程序段后, m 的值是( )。

```
static int a[2][3] = {{1, 2, 3}, {4, 5, 6}};
int m, * ptr;
ptr = &a[0][0];
m = ( * ptr) * ( * (ptr + 2)) * ( * (ptr + 4));
```

　(A) 15　　　　　(B) 48　　　　　(C) 24　　　　　(D) 12

75. 若有定义语句"char * aa[2] = {"abcd","ABCD"};",则以下叙述中正确的是( )。

　(A) aa 数组元素的值分别是"abcd"和"ABCD"

　(B) aa 是指针变量,它指向含有两个数组元素的字符型一维数组

　(C) aa 数组的两个元素分别指向字符串"abcd"和"ABCD"

　(D) aa 数组的两个元素中各自存放了字符'a'和'A'的地址

76. 下列程序的输出结果是( )。

```
int main()
{ int a[5] = {2,4,6,8,10}, * p;
  p = a + 1;
  printf(" % d ", * (p++));
  return 0;
}
```

　(A) 2　　　　　(B) 4　　　　　(C) 6　　　　　(D) 8

77. 下列程序输出的结果是( )。

```
int main()
{ int a[] = {2,4,6,8,10};
```

```
int y = 1, x, * p;
p = &a[1];
for(x = 0; x < 3; x++)
y += * (p + x);
printf(" % d\n", y);
return 0;
}
```

(A) 17 　　　　(B) 18 　　　　(C) 19 　　　　(D) 20

78. 下列程序的输出结果是(　　)。

```
int b = 2;
int func(int * a)
{ b += * a; return(b); }
int main()
{ int a = 2, res = 2;
  res += func(&a);
  printf(" % d\n", res);
  return 0;
}
```

(A) 4 　　　　(B) 6 　　　　(C) 8 　　　　(D) 10

79. 下列程序的输出结果是(　　)。

```
int fun(int x, int y, int * cp, int * dp)
{ * cp = x + y; * dp = x - y; }
int main()
{ int a, b, c, d;
  a = 30; b = 50;
  fun(a, b, &c, &d);
  printf(" % d, % d\n", c, d);
  return 0;
}
```

(A) 50,30 　　　　(B) 30,50 　　　　(C) 80,−20 　　　　(D) 80,20

80. 语句"int (* ptr)();"的含义是(　　)。

(A) ptr 是指向一维数组的指针变量

(B) prt 是指向 int 型数据的指针变量

(C) ptr 是指向函数的指针,该函数返回一个 int 型数据

(D) ptr 是一个函数名,该函数的返回值是指向 int 型数据的指针

参考答案

1. D 2. B 3. B 4. C 5. B 6. B 7. A 8. B 9. B 10. C
11. C 12. B 13. D 14. D 15. B 16. C 17. C 18. D 19. C 20. C
21. C 22. A 23. D 24. C 25. B 26. A 27. D 28. B 29. C 30. B
31. D 32. C 33. D 34. A 35. A 36. B 37. C 38. B 39. D 40. C
41. C 42. A 43. A 44. B 45. C 46. C 47. D 48. C 49. B 50. B
51. C 52. C 53. C 54. B 55. D 56. C 57. B 58. B 59. A 60. A
61. C 62. D 63. C 64. B 65. B 66. A 67. C 68. D 69. D 70. D
71. A 72. C 73. B 74. A 75. C 76. B 77. C 78. B 79. C 80. C

习题 7 结 构 体

1. 在 C_free 环境中，变量 a 所占的内存字节数是( )。

```
struct stu
{ char name[20];
  long int n;
  int score[2];
} a ;
```

(A) 28   (B) 30   (C) 32   (D) 36

2. 设有以下说明语句

```
struct ex
{ int x;float y; char z; } example;
```

则下面的叙述中错误的是( )。

(A) struct 是结构体类型的关键字   (B) example 是结构体类型名

(C) x,y,z 都是结构体成员名   (D) struct ex 是结构类型

3. 当说明一个结构体变量时，系统分配给它的内存是( )。

(A) 各成员所需内存的总和   (B) 结构中第一个成员所需的容量

(C) 成员中占内存量最大者所需的容量   (D) 结构中最后一个成员所需内存量

4. 以下程序的输出结果是( )。

```
struct st
{ int x;int * y;} * p;
int dt[4] = {10,20,30,40};
struct st aa[4] = {50,&dt[0],60,&dt[0],60,&dt[0],60,&dt[0]};
int main()
{ p = aa;
  printf("%d\n",++(p->x));
  return 0;
}
```

(A) 10   (B) 11   (C) 51   (D) 60

5. C 语言结构体类型变量在程序执行期间( )。

(A) 没有成员驻留在内存中   (B) 只有一个成员驻留在内存中

(C) 所有成员一直驻留在内存中   (D) 部分成员驻留在内存中

6. 以下程序的输出结果是( )。

```
struct HAR
{ int x,y; struct HAR * p; } h[2];
int main()
{
  h[0].x = 1; h[0].y = 2;
  h[1].x = 3;h[1].y = 4;
  h[0].p = &h[1]; h[1].p = h;
  printf("%d%d\n",(h[0].p) -> x,(h[1].p) -> y);
  return 0;
}
```

（A）12　　　　　　　（B）23　　　　　　　（C）14　　　　　　　（D）32

7. 下面程序的输出结果是(　　　)。

```
int main()
{
    struct cmplx { int x; int y; } cnum[2] = {1,3,2,7};
    printf("%d\n",cnum[0].y/cnum[0].x * cnum[1].x);
    return 0;
}
```

（A）0　　　　　　　（B）1　　　　　　　（C）3　　　　　　　（D）6

8. 设有变量定义

```
struct stu
{ int age;
    int num;
}std, * p = &std;
```

能正确引用结构体变量 std 中成员 age 的表达式是(　　　)。

（A）std—>age　　　（B）* std—>age　　　（C）* p.age　　　（D）(* p).age

9. 设有定义语句"struct {int x;int y; }d[2]={{1,3},{2,7}};"，则 printf("%d\n"，d[0].y/d[0].x * d[1].x); 的输出结果是(　　　)。

（A）0　　　　　　　（B）1　　　　　　　（C）3　　　　　　　（D）6

10. 以下 scanf 函数调用语句中对结构体变量成员的错误引用是(　　　)。

```
struct pupil
{ char name[20];
    int age;
    int sex;
} pup[5], * p;
p = pup;
```

（A）scanf("%s",pup[0].name);　　　　　（B）scanf("%d",&pup[0].age);

（C）scanf("%d", p—>age);　　　　　（D）scanf("%d",&(p—>sex));

11. 若有如下定义，则对 data 中的 a 成员的正确引用是(　　　)。

```
struct sk {int a;float b;}data, * p = &data;
```

（A）(* p).data.a　　（B）(* p).a　　　　（C）p—>data.a　　（D）p.data.a

12. 若有以下说明和定义语句，则变量 w 在内存中所占的字节数是(　　　)。

```
union aa {float x;float y;char c[6];};
struct st {union aa v;float w[5];double ave;}w;
```

（A）42　　　　　　　（B）34　　　　　　　（C）30　　　　　　　（D）26

13. 设有如下的定义：

```
struct sk
{ int n;
    float x;
} data, * p;
```

若要使 p 指向 data 中的 n 域，正确的赋值语句是(　　　)。

（A）p=&data.n;　　　　　　　　　　（B）* p=data.n;

(C) p=(struct sk ＊)&.data. n   (D) p＝(struct sk ＊) data. n;

14. 以下程序的输出结果是(   )。

```
struct stu
{
  int x;
  int * y;
} * p;
int dt[4] = {10,20,30,40};
struct stu a[4] = { 50, &dt[0], 60, &dt[1],
          70, &dt[2],80, &dt[3]
        };
int main()
{ p = a;
  printf(" % d,",++p->x);
  printf(" % d,", (++p) -> x);
  printf(" % d\n", ++( * p->y));
}
```

(A) 10,20,20   (B) 50,60,21   (C) 51,60,21   (D) 60,70,31

15. 使用 typedef 定义一个新类型的正确步骤是(   )。

① 把变量名换成新类型名

② 按定义变量的方法写出定义体

③ 用新类型名定义变量

④ 在最前面加上关键字 typedef

(A) ②,④,①,③   (B) ①,③,②,④

(C) ②,①,④,③   (D) ④,②,③,①

16. 有如下定义

```
struct person{char name[9]; int age;};
struct person class[4] = {"Johu",17, "Paul",19, "Mary",18, "Adam",16,};
```

根据以上定义,能输出字母 M 的语句是(   )。

(A) printf("%c\n",class[3]. name);

(B) printf("%c\n",class[3]. name[1]);

(C) printf("%c\n",class[2]. name[1]);

(D) printf("%c\n",class[2]. name[0]);

17. 在 C_free 环境下,若有以下定义和语句,则程序的输出结果是(   )(用 small 模式编译,指针变量占 2 字节)。

```
struct date
{ long * cat;
  struct date * next;
  double dog;
} too;
printf(" % d",sizeof(too));
```

(A) 20   (B) 16   (C) 14   (D) 12

18. 下面程序后的输出结果是(   )。

```
struct abc
```

```
{int a,b,c;}
int main()
{ struct abc s[2]={{1,2,3},{4,5,6}};int t;
  t=s[0].a+s[1].b;printf("%d\n",t);
  return 0;
}
```

(A) 5　　　　　　　(B) 6　　　　　　　(C) 7　　　　　　　(D) 8

19. 若有以下说明语句,则下列表达式中的值为 101 的是(　　)。

```
struct   wc
{ int   a;
  int   * b;
} * p;
int x0[ ]={11,12},x1[ ]={31,32};
static struct wc x[2]={100,x0,300,x1};
p=x;
```

(A) * p—>b　　　(B) p—>a　　　(C) ++p—>a　　　(D) (p++)—>a

20. 设有以下语句,则下列表达式中的值为 6 的是(　　)。

```
struct st
{ int n;
  struct st * next;
};
static struct st a[3]={5,&a[1],7,&a[2],9,'\0'}, * p;
p=&a[0];
```

(A) p++—>n　　　　　　　　　　(B) p—>n++

(C) (* p).n++　　　　　　　　　(D) ++p—>n

21. 下面程序的输出结果是(　　)。

```
# include < stdio.h >
main()
{
  enum color{red,blue=4,yellow,green=yellow+10};
  printf("%d,%d,%d,%d\n",red,blue,yellow,green);
}
```

(A) 0,1,2,3　　(B) 0,4,0,10　　　(C) 0,4,5,15　　　(D) 1,4,5,15

22. 设有如下枚举类型定义

```
enum color{red=3,blue,yellow=20,green,orange};
```

则枚举量 orange 的值为(　　)。

(A) 4　　　　　　　(B) 7　　　　　　　(C) 22　　　　　　　(D) 21

23. 若有下面的说明和语句,则以下程序的输出结果是(　　)。

```
struct st
{char a[10];
  int b;
  double c;
};
printf("%d\n",sizeof(struct st));
```

(A) 10　　　　　　　(B) 8　　　　　　　(C) 20　　　　　　　(D) 28

24. 若有以下的说明：

```
struct person
{char name[20];
   int age;
   char sex;
}a = {"li ning",20,'m'}, * p = &a;
```

则对字符串 li ning 的引用方式不可以的是（　　）。

(A)（* p）. name　　(B) p. name　　(C) a. name　　(D) p—> name

25. 若定义了以下函数：

```
void f(……)
{……
   * p = (double * )malloc(10 * sizeof(double));
   ……
}
```

p 是该函数的形参，要求通过 p 把动态分配存储单元的地址传回主调函数，则形参 p 的正确
定义为（　　）。

(A) double * p　　(B) float ** p　　(C) double ** p　　(D) float * p

参考答案

1. C　2. B　3. A　4. C　5. C　6. D　7. D　8. D　9. D　10. C
11. B　12. B　13. B　14. C　15. D　16. D　17. D　18. B　19. C　20. D
21. C　22. C　23. C　24. B　25. C

习题 8　共　用　体

1. 若有下列共用体定义：

```
union utepy
{int i;
   char ch;
}temp;
```

当执行语句"temp. i＝266;"后，temp. ch 的值是（　　）。

(A) 266　　　(B) 256　　　(C) 10　　　(D) 1

2. 以下程序的输出结果是（　　）。

```
union myun
{ struct
   { int x,y,z;} u;
   int k; } a;
int main()
{ a.u. x = 4; a.u. y = 5;a.u. z = 6;
   a. k = 0;
   printf(" % d\n",a.u. x);
   return 0;
}
```

(A) 4　　　　(B) 5　　　　(C) 6　　　　(D) 0

3. 已知字符'0'的 ASCII 码为十六进制的 30,下面程序的输出结果是(   )。

```
int main()
{ union { unsigned char c;
          unsigned int i[4];
        } z;
    z.i[0] = 0x39;
    z.i[1] = 0x36;
    printf(" % c\n",z.c);
    return 0;
}
```

(A) 6   (B) 9   (C) 0   (D) 3

4. 若有下面的说明和语句,则以下程序的输出结果是(   )(已知 A 的 ASCII 码值为十进制数 65)。

```
union un
{ int a;
  char c[2];
} w;
w.c[0] = 'A';w.c[1] = 'a';
printf(" % o\n",w.a);
```

(A) 60501   (B) 30240

(C) 9765   (D) 以上答案均错

5. 若有下面的说明和语句,则以下程序的输出结果是(   )。

```
union un
{ int i;
  double y;
};
struct st
{ char a[10];
  union un b;
};
printf("" % d\n",sizeof(struct st));
```

(A) 14   (B) 18   (C) 20   (D) 16

参考答案

1. C   2. D   3. B   4. A   5. B

习题 9 链   表

1. 有以下结构体说明和变量定义,且如下图所示指针 p 指向变量 a,指针 q 指向变量 b。则不能把结点 b 连接到结点 a 之后的语句是(   )。

```
struct node
{ int data;
  struct node * next;
} a,b, * p = &a, * q = &b;
```

data	next		data	next
a	5			9	\0

↑p   ↑q

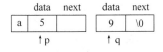

（A）a. next＝q；　　　　　　　　　　（B）p. next＝&b；

（C）p－＞next＝&b；　　　　　　　　（D）（＊p）. next＝q；

2. 若已经建立如下图所示的单向链表结构，在该链表结构中指针 p 和 s 分别指向图中所示的结点，则不能将 s 所指的结点插入到链表末尾仍构成单向链表的语句组是（　　）。

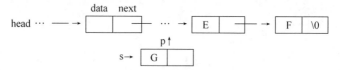

（A）p＝p－＞next；s－＞next＝p；p－＞next＝s；

（B）p＝p－＞next；s－＞next＝p－＞next；p－＞next＝s；

（C）s－＞next＝NULL；p＝p－＞next；p－＞next＝s；

（D）p＝（＊p）. next；（＊s）. next＝（＊p）. next；（＊p）. next＝s；

3. 假定建立了以下链表结构，指针 p 和 q 分别指向如下图所示的结点，则以下可以将 q 所指结点从链表中删除并释放该结点的语句组是（　　）。

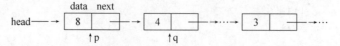

（A）free(q)；p－＞next＝q－＞next；

（B）（＊p）. next＝（＊q）. next；free(q)；

（C）q＝（＊q）. next；（＊p）. next＝q；free(q)；

（D）q＝q－＞next；p－＞next＝q；p＝p－＞next；free(p)；

4. 以下程序段用于构成一个简单的单向链表，画线处应填（　　）。

```
struct STRU
{ int x,y;
  float rate;
  _____ p; }a,b;
  a.x = 0; a.y = 0; a.rate = 0; a.p = &b;
  b.x = 0;b.y = 0;b.rate = 0;b.p = NULL;
```

（A）struct　STRU ＊　　　　　　　（B）struct　stru ＊

（C）struct　STRU　　　　　　　　（D）struct

5. 以下程序段用于构成一个简单的单向链表，画线处应填（　　）。

```
struct STRU
{ int x,y;
  float rate;
  struct STRU * p;} a, b, * pa = &a;
  a.x = 0; a.y = 0; a.rate = 0; _____;
  b.x = 0;b.y = 0;b.rate = 0;b.p = NULL;
```

（A）a－＞p＝&b　　（B）pa－＞p＝&b　　（C）pa. p＝&b　　（D）pa－＞p＝b

参考答案

1. B　　2. A　　3. B　　4. A　　5. B

习题 10　位　运　算

1. 若有定义语句"int i＝2,j＝1,k＝3;",则表达式 i&&(i+j)&k|i+j 的值是(　　　)。
   　(A) 3 　　　　　　　 (B) 4 　　　　　　　 (C) 1 　　　　　　　 (D) 2
2. 设有以下语句:

   　char x = 3,y = 6,z; z = x^y << 2;

   则 z 的二进制值是(　　　)。
   　(A) 00010100 　　 (B) 00011011 　　 (C) 00011100 　　 (D) 00011000
3. 表达式～0x13 的值是(　　　)。
   　(A) 0xffec 　　　　 (B) 0xff71 　　　　 (C) 0xff68 　　　　 (D) 0xff17
4. 表达式 0x13&0x17 的值是(　　　)。
   　(A) 0x17 　　　　　 (B) 0x13 　　　　　 (C) 0xf8 　　　　　 (D) 0xec
5. 在位运算中,一个非 0 操作数每左移一位,其结果相当于(　　　)。
   　(A) 操作数乘以 2 　　　　　　　 (B) 操作数除以 2
   　(C) 操作数乘以 4 　　　　　　　 (D) 操作数除以 4
6. 以下对枚举类型名的定义中正确的是(　　　)。
   　(A) enum a＝{one,two,three}; 　　　 (B) enum 1 {one＝9,two＝−1,three};
   　(C) enum a＝{"one","two","three"}; 　 (D) enum a {"one","two","three"};
7. 设有以下语句:

   　char a = 3,b = 6,c; c = a^b << 2;

   则 c 的二进制值是(　　　)。
   　(A) 00011011 　　 (B) 00010100 　　 (C) 00011100 　　 (D) 00011000
8. 下面程序的输出结果是(　　　)。

   ```
   int main()
   {
     char x = 040;
     printf(" %d\n",x = x << 1);
     return 0;
   }
   ```

   　(A) 100 　　　　　 (B) 160 　　　　　 (C) 120 　　　　　 (D) 64
9. 用十进制数表示表达式 12 | 012 的运算结果是(　　　)。
   　(A) 1 　　　　　　 (B) 0 　　　　　　 (C) 14 　　　　　 (D) 12
10. 设有语句"int a＝04,b;",则执行语句"b＝a<<1;"后 b 的结果是(　　　)。
   　(A) 4 　　　　　　 (B) 04 　　　　　 (C) 8 　　　　　　 (D) 10
11. 设有语句"int a＝04,b;",则执行语句"b＝a>>1;"后 b 的结果是(　　　)。
   　(A) 04 　　　　　　 (B) 4 　　　　　　 (C) 10 　　　　　 (D) 2
12. 以下程序的输出结果是(　　　)。

   ```
   # include < stdio. h >
   int main()
   ```

```
{
    int x = 35;
    printf(" % d\n",(x&15)&&(x|15));
    return 0;
}
```

  (A) 1   (B) 0   (C) 10   (D) 15

13. 以下程序的输出结果是(   )。

```
# include < stdio.h>
int main()
{
    int x,y;
    x = 0x02ff;y = 0xff00;
    printf(" % d\n",(x&y)>> 4|0x005f);
    return 0;
}
```

  (A) −127   (B) 128   (C) 1   (D) 127

14. 以下程序的输出结果是(   )。

```
# include < stdio.h>
int main()
{
    int a = 0234;
    printf(" % o\n",a << 2);
    printf(" % o\n",a >> 2);
    return 0;
}
```

  (A) 222   (B) 1160   (C) −1160   (D) 220
     234   47   −47   47

15. 设二进制数 a 是 00101101,若想通过异或运算 a^b 使 a 的高 4 位取反,低 4 位不变,则二进制数 b 应是(   )。

  (A) 11100001   (B) 11110000   (C) 11010010   (D) 11011111

16. 设有如下定义:"int x=1,y=−1;",则语句"printf("%d\n",(x−− & ++y));"的输出结果是(   )。

  (A) 1   (B) 0   (C) −1   (D) 2

17. 语句"printf("%d\n",12 & 012);"的输出结果是(   )。

  (A) 12   (B) 8   (C) 6   (D) 012

18. 整型变量 x 和 y 的值相等,且为非 0 值,则以下选项中结果为 0 的表达式是(   )。

  (A) x||y   (B) x|y   (C) x&y   (D) x^y

19. 设有语句"char x=3,y=6,z; z=x^y << 2;",则 z 的二进制值是(   )。

  (A) 00010100   (B) 00011011   (C) 00011100   (D) 00011000

20. 若有定义语句"int i=2,j=1,k=3;",则表达式 i && (i+j) & k|i+j 的值是(   )。

  (A) 3   (B) 4   (C) 1   (D) 2

参考答案

  1. C   2. B   3. A   4. B   5. A   6. B   7. A   8. D   9. C   10. C

11. D　12. A　13. D　14. B　15. B　16. B　17. B　18. D　19. B　20. C

习题 11　文　　件

1. 标准库函数 fgets(s,n,f)的功能是(　　)。

　　(A) 从文件 f 中读取长度为 n 的字符串存入指针 s 所指的内存

　　(B) 从文件 f 中读取长度不超过 n−1 的字符串存入指针 s 所指的内存

　　(C) 从文件 f 中读取 n 个字符串存入指针 s 所指的内存

　　(D) 从文件 f 中读取长度为 n−1 的字符串存入指针 s 所指的内存

2. 在 C 语言中,对文件的存取以(　　)为单位。

　　(A) 记录　　　　　　(B) 字节　　　　　　(C) 元素　　　　　　(D) 簇

3. 下面定义文件指针变量的是(　　)。

　　(A) FILE ∗ fp;　　　(B) FILE fp;　　　(C) FILER ∗ fp;　　　(D) file ∗ fp;

4. 在 C 语言中,下面对文件的叙述正确的是(　　)。

　　(A) 用"r"方式打开的文件只能向文件写数据

　　(B) 用"R"方式也可以打开文件

　　(C) 用"w"方式打开的文件只能用于向文件写数据,且该文件可以不存在

　　(D) 用"a"方式可以打开不存在的文件

5. 如果 fp 是指向某文件的指针,而且已读到该文件的末尾,则 C 语言函数 feof(fp)的返回值是(　　)。

　　(A) EOF　　　　　　(B) −1　　　　　　(C) 非零值　　　　　　(D) NULL

6. 在 C 语言中,系统自动定义了 3 个文件指针 stdin、stdout 和 stderr 分别指向终端输入、终端输出和标准出错输出,则函数 fputc(ch,stdout)的功能是(　　)。

　　(A) 从键盘输入一个字符给字符变量 ch　　(B) 在屏幕上输出字符变量 ch 的值

　　(C) 将字符变量的值写入文件 stdout 中　　(D) 将字符变量 ch 的值赋给 stdout

7. 执行如下程序段

```
# include < stdio. h>
FILE ∗ fp;
fp = fopen("file","w" );
```

则生成的文件的文件名是(　　)。

　　(A) file　　　　　　(B) file. c　　　　　　(C) file. dat　　　　　　(D) file. txt

8. 在内存与磁盘频繁交换数据的情况下,对磁盘文件的读写最好使用的函数是(　　)。

　　(A) fscanf,fprintf　　　　　　　　　(B) fread,fwrite

　　(C) getc,putc　　　　　　　　　　　(D) putchar,getchar

9. 在 C 语言中若按照数据的格式划分,文件可分为(　　)。

　　(A) 程序文件和数据文件　　　　　　(B) 磁盘文件和设备文件

　　(C) 二进制文件和文本文件　　　　　　(D) 顺序文件和随机文件

10. 在 C 语言中,打开文件函数的调用格式为 fopen(文件名,文件操作方式);其中,文件名是要打开的文件的全名,它可以是(　　)。

(A) 字符变量名、字符串常量、字符数组名

(B) 字符常量、字符串变量、指向字符串的指针变量

(C) 字符串常量、存放字符串的字符数组名、指向字符串的指针变量

(D) 字符数组名、文件的主名、字符串变量名

11. 在 C 语言中，缓冲文件系统是指（　　）。

(A) 缓冲区是由用户自己申请的 　　(B) 缓冲区是由系统自动建立的

(C) 缓冲区是根据文件的大小决定的 　　(D) 缓冲区是根据内存的大小决定的

12. 在 C 语言中，文件型指针是（　　）。

(A) 一种字符型的指针变量 　　(B) 一种结构型的指针变量

(C) 一种共用型的指针变量 　　(D) 一种枚举型的指针变量

13. 在 C 语言中，标准输入设备是指（　　）。

(A) 键盘 　　(B) 鼠标 　　(C) 硬盘 　　(D) 光笔

14. 在 C 语言中，标准输出设备和标准错误输出设备是指显示器，它们对应的指针名分别为（　　）。

(A) stdin,stdio 　　(B) STDOUT,STDERR

(C) stdout,stderr 　　(D) stderr,stdout

15. 在 C 语言中，正确打开文件的程序段是（　　）。

(A) #include < stdio. h >　　(B) #include < stdio. h >
　　FILE * fp;　　　　　　　　　FILE fp;
　　fp＝fopen("file1. c","WB");　　fp＝fopen("file1. c","w");

(C) #include < stdio.h >　　(D) #include < string. h >
　　FILE * fp;　　　　　　　　　FILE * fp;
　　fp＝fopen("file1. c","w");　　fp＝fopen("file1. c","w");

16. 在 C 语言中打开文件时，选用的文件操作方式为"wb"，则下列叙述中错误的是（　　）。

(A) 要打开的文件必须存在 　　(B) 要打开的文件可以不存在

(C) 打开文件后可以读取数据 　　(D) 要打开的文件是二进制文件

17. 在 C 语言中，如果要打开 C 盘一级目录 ccw 下名为"ccw. dat"的二进制文件，用于读和追加写，则调用打开文件函数的格式为（　　）。

(A) fopen("c:\\ccw\\ccw. dat","ab")

(B) fopen("c:\\ccw. dat","ab＋")

(C) fopen("c:\ccw\ccw. dat","ab＋")

(D) fopen("c:\\ccw\\ccw. dat","ab＋")

18. 在 C 语言中，假设文件型指针 fp 已经指向可写的磁盘文件，并且正确执行了函数调用 fputc('A',fp)，则该次调用后函数返回的值是（　　）。

(A) 字符'A'或整数 65 　　(B) 符号常量 EOF

(C) 整数 1 　　(D) 整数－1

19. 一般情况下，以下函数功能相同的是（　　）。

(A) fputc 和 putc 　　(B) fwrite 和 fputc

(C) fread 和 fgetc 　　(D) putchar 和 fputc

20. 在 C 语言中,常用以下方法打开一个文件

```
if((fp = fopen("file1.c","r" )) == NULL)
{printf("cannot open this file \n");exit(0);}
```

其中函数 exit(0)的作用是(　　)。

(A) 退出 C 环境

(B) 退出所在的复合语句

(C) 当文件不能正常打开时,关闭所有的文件,并终止程序

(D) 当文件正常打开时,终止程序

21. 如果要将存放在双精度型数组 a[10]中的 10 个双精度型实数写入文件型指针 fp1 指向的文件中,正确的语句是(　　)。

(A) for(i=0;i<80;i++) fputc(a[i],fp1);

(B) for(i=0;i<10;i++) fputc(&a[i],fp1);

(C) for(i=0;i<10;i++) fwrite(&a[i],8,1,fp1);

(D) fwrite(fp1,8,10,a);

22. 如果将文件型指针 fp 指向的文件内部指针置于文件尾,正确的语句是(　　)。

(A) feof(fp);　　　　　　　　　　(B) rewind(fp);

(C) fseek(fp,0L,0);　　　　　　　(D) fseek(fp,0L,2);

23. 如果文件型指针 fp 指向的文件刚刚执行了一次读操作,则关于表达式"ferror(fp)"的正确说法是(　　)。

(A) 如果读操作发生错误,则返回 1　　(B) 如果读操作发生错误,则返回 0

(C) 如果读操作未发生错误,则返回 1　(D) 如果读操作未发生错误,则返回 0

24. 函数 fopen()的返回值不能是(　　)。

(A) NULL　　　　　　　　　　　　(B) 0

(C) 1　　　　　　　　　　　　　　(D) 某个内存地址

25. 以"只写"方式打开一个二进制文件,应选择的文件操作方式是(　　)。

(A) "a+"　　　(B) "w+"　　　(C) "RB"　　　(D) "wb"

26. 存储整型数据−7865 时,在二进制文件和文本文件中占用的字节数分别是(　　)。

(A) 2 和 2　　　(B) 2 和 5　　　(C) 5 和 5　　　(D) 5 和 2

27. 以"只读"方式打开文本文件 d:\file.dat,下列语句中正确的是(　　)。

(A) fp=fopen("d:\file.dat","a");　　(B) fp=fopen("d:\\file.dat","a");

(C) fp=fopen("d:\file.dat","r");　　(D) fp=fopen("d:\\file.dat","r");

28. 系统的标准输出文件是指(　　)。

(A) 键盘　　　(B) 显示器　　　(C) 软盘　　　(D) 硬盘

29. 以下可作为函数 fopen 中第一个参数的正确格式是(　　)。

(A) c:user\text.txt　　　　　　　(B) c:\user\text.txt

(C) "c:\user\text.txt"　　　　　　(D) "c:\\user\\text.txt"

30. 若执行函数 fopen 时发生错误,则函数的返回值是(　　)。

(A) "ab+"　　　　　　　　　　　(B) 0

(C) 1　　　　　　　　　　　　　　(D) EOF

31. 当顺利执行了文件关闭操作时,fclose 函数的返回值是( )。

    (A) −1   (B) TURE   (C) 非 0 值   (D) 0

32. 已知函数的调用形式为"fread(buffer,size,count,fp);",其中 buffer 代表的是( )。

    (A) 一个整型变量,代表要读入的数据项总数

    (B) 一个文件指针,指向要读的文件

    (C) 一个指针,指向存放输入数据的首地址

    (D) 一个存储区,存放要读的数据项

33. fscanf 函数的一般调用形式是( )。

    (A) fscanf(fp,格式字符串,输出表列);

    (B) fscanf(格式字符串,输出表列,fp);

    (C) fscanf(格式字符串,文件指针,输出表列);

    (D) fscanf(文件指针,格式字符串,输入表列);

34. 若调用 fputc 函数输出字符成功,则返回值是( )。

    (A) EOF   (B) 1   (C) 0   (D) 输出的字符

35. fprintf 函数的一般调用形式是( )。

    (A) fprintf(fp,格式字符串,输出表列);

    (B) fprintf(格式字符串,输出表列,fp);

    (C) fprintf(格式字符串,文件指针,输出表列);

    (D) fprintf(文件指针,格式字符串,输出表列);

参考答案

1. B   2. B   3. A   4. C   5. C   6. B   7. A   8. B   9. C   10. C

11. B   12. B   13. A   14. C   15. C   16. A   17. D   18. A   19. D   20. C

21. C   22. D   23. D   24. C   25. D   26. B   27. D   28. B   29. D   30. B

31. D   32. C   33. D   34. D   35. D

参 考 文 献

［1］ 刘小军,等.C语言程序设计学习指导[M].2版.北京：清华大学出版社,2018.

［2］ 张丽华,等.C/C++程序设计学习指南[M].北京：清华大学出版社,2012.

［3］ 周彩英,等.C语言程序设计习题解答与学习指导[M].北京：清华大学出版社,2011.

［4］ 许勇.C语言程序设计应用教程[M].北京：科学出版社,2011.

［5］ 梁宏涛,姚立新.C语言程序设计与应用[M].北京：北京邮电大学出版社,2011.

［6］ 凌云,吴海燕,谢满德.C语言程序设计与实践[M].北京：机械工业出版社,2010.

［7］ 秦维佳,等.C/C++程序设计教程[M].北京：机械工业出版社,2007.

［8］ 邵雪航,徐善针.C语言程序设计[M].北京：中国铁道出版社,2011.

［9］ 贾小军,等.C语言程序设计[M].北京：人民邮电出版社,2014.

［10］ 骆红波,等.C语言程序设计实验指导[M].北京：人民邮电出版社,2013.

［11］ 张丽华,等.C语言程序设计案例教程[M].2版.北京：清华大学出版社,2018.

图书资源支持

感谢您一直以来对清华版图书的支持和爱护。为了配合本书的使用,本书提供配套的资源,有需求的读者请扫描下方的"书圈"微信公众号二维码,在图书专区下载,也可以拨打电话或发送电子邮件咨询。

如果您在使用本书的过程中遇到了什么问题,或者有相关图书出版计划,也请您发邮件告诉我们,以便我们更好地为您服务。

我们的联系方式:

地　　址:北京市海淀区双清路学研大厦 A 座 714

邮　　编:100084

电　　话:010-83470236　010-83470237

客服邮箱:2301891038@qq.com

QQ:2301891038(请写明您的单位和姓名)

资源下载:关注公众号"书圈"下载配套资源。

资源下载、样书申请

书圈

图书案例

清华计算机学堂

观看课程直播